绿色建筑工程设计与施工

胡瑛莉　马　普　李淑贤　主编

哈尔滨出版社
HARBIN PUBLISHING HOUSE

图书在版编目（CIP）数据

绿色建筑工程设计与施工 / 胡瑛莉，马普，李淑贤
主编． — 哈尔滨：哈尔滨出版社，2024.1
ISBN 978-7-5484-7397-8

Ⅰ．①绿… Ⅱ．①胡… ②马… ③李… Ⅲ．①生态建
筑－建筑设计②生态建筑－建筑施工 Ⅳ．① TU2 ② TU74

中国国家版本馆 CIP 数据核字（2023）第 130336 号

书　　名：绿色建筑工程设计与施工

LVSE JIANZHU GONGCHENG SHEJI YU SHIGONG

作　　者：胡瑛莉　马　普　李淑贤　主编

责任编辑：韩伟锋

封面设计：张　华

出版发行：哈尔滨出版社（Harbin Publishing House）

社　　址：哈尔滨市香坊区泰山路 82-9 号　邮编：150090

经　　销：全国新华书店

印　　刷：廊坊市广阳区九洲印刷厂

网　　址：www.hrbcbs.com

E－mail：hrbcbs@yeah.net

编辑版权热线：（0451）87900271　87900272

开　　本：787mm×1092mm　1/16　印张：12　字数：260 千字

版　　次：2024 年 1 月第 1 版

印　　次：2024 年 1 月第 1 次印刷

书　　号：ISBN 978-7-5484-7397-8

定　　价：76.00 元

凡购本社图书发现印装错误，请与本社印刷部联系调换。

服务热线：（0451）87900279

编委会

前　言

　　随着可持续发展、习近平生态文明思想的深入人心，人们对生态环境重要性的认识日益加深，对建筑物节能减排的需求也越来越迫切。在这个时代，绿色建筑工程技术应运而生，绿色建筑工程技术在现代建筑施工中的应用不仅有效提高了建筑水平，而且提高了现代建筑的质量，有效缓解了建筑行业当前的能耗问题。

　　绿色建筑的理念是在当前可持续发展的背景下对建筑行业提出的最新要求。事实上，这也是建筑行业实现可持续发展的重要措施。绿色建筑并不是一种全新的建筑形式，也不是单一的某种建筑施工技术，而是指在不降低建筑要求的基础上对建筑过程的一种控制方式，当然，为了实现这些要求而生的施工技术，也属于绿色建筑施工技术。目前，绿色建筑施工已经得到一定程度的推广与实施。

　　本书是一本关于建筑设计与施工的专著，主要讲述的是绿色建筑的设计与施工。针对绿色建筑的有关知识进行讲述，研究绿色建筑设计的要素与施工技术，从而能找到绿色建筑施工设计与施工的一些有效方法，推广绿色建筑。希望本书的讲解能够给读者提供一定的参考价值。

目 录

第一章　绿色建筑的起源与发展

随着人类的文明、社会的进步、科技的发展以及对住房的需求，房屋建设正在如火如荼的建设当中，而以牺牲环境、生态和可持续发展为代价的传统建筑和房地产产业已经走到了尽头。发展绿色建筑的过程本质上是一个生态文明建设和学习实践科学发展观的过程。其目的和作用在于实现与促进人、建筑和自然三者之间高度的和谐统一；经济效益、社会效益和环境效益三者之间充分的协调一致；国民经济、人类社会和生态环境之间可持续发展。

本章首先对绿色建筑的概念做了简单的概述，并对绿色建筑的起源与内涵及我国绿色建筑的发展进行了探究。

第一节　绿色建筑的概念

一、绿色建筑的定义

"绿色建筑"中的"绿色"，并不是指一般意义的绿化，也不是表面上的绿色，而是代表了一种概念或是象征，是指建筑对环境没有危害，可起到环保作用，能充分利用自然环境的资源，并在不破坏环境的生态平衡条件下而建造的一种建筑，又被称为"可持续发展的建筑""生态建筑""回归大自然的建筑""节能环保建筑"等。在我国建设部颁布的《绿色建筑评价标准》中，对绿色建筑的评价体系共有六类指标，由高到低依次划分为三星、二星以及一星。

绿色建筑的内部布局也应十分合理，在条件允许的情况下，应尽量减少或避免使用合成材料，充分地利用太阳光，节省能源，创造一种接近大自然的感觉。以人、建筑和自然环境的协调发展为目标，利用人工手段与天然条件相结合在创造健康、良好居住环境的同时，尽可能地减少和控制对自然环境的过度使用和破坏，尽可能地使建筑温馨，有大自然的味道。

二、绿色建筑的伦理原则

绿色建筑的伦理是指人们在对城乡的建设规划、决策及建筑的设计施工、评价和消费过程中所应当遵循的新的伦理原则和道德规范。绿色建筑应当成为实现人类可持续发展的重要环节。绿色建筑的伦理原则归纳为以下五个方面：

1. 对后代的责任与义务。
2. 保护这颗星球的生命力及多样性。
3. 对非再生资源的消耗降到最低的限度。
4. 对社会的道德责任和义务。
5. 维持在地球的承载之内。

我们要研究绿色建筑的技术应当从绝大多数人的生存需要出发，从他们的经济承受力出发，使人们既乐于接受，也有能力接受。

三、绿色建筑目标的实现

绿色建筑实施过程中，主要的责任落实靠建设单位、设计单位、监理单位、施工单位来实现，只有参建各方齐抓共管才能最终实现绿色建筑的目标。

1. 建设单位：建设单位是整个绿色建筑实现的最重要主导方，建设单位要从项目的选址规划开始，对全寿命周期的建筑建造使用及运营维护进行管控。作为质监站人员在格拉扩能改造工程中，我们在现场对可可西里国家自然保护区环境保护方面的方案措施进行重点检查。

2. 设计单位：作为专业化的团队，拥有绿色建筑产品实现的设计能力，能够从绿色建筑的实施标准进行深入理解，最终形成的设计是考虑了经济、技术、效果等因素而形成的。

3. 监理单位：受业主的委托，参与工程项目建设的监督管理机构。应重点检查绿色施工方案或绿色施工专项方案的落实。

4. 施工单位：应从以下几个方面组织绿色施工的全面实施。

（1）环境保护

在施工管理中切实落实生态保护和污染防治各项要求，落实好环境敏感地区的保护措施，确保项目实施过程中的环境安全；施工过程中产生的建筑和生活垃圾根据实际情况分类集中收集、集中处理，不得随意滞留于施工地点，影响环境。

（2）节材及材料资源利用

降低材料损耗率。推广使用商品混凝土和预拌砂浆、高强度钢筋和高性能混凝土，减少资源消耗；门窗、屋面、外墙等围护结构选用耐候性及耐久性良好的材料。

（3）节水与水资源利用

施工中采用先进的节水施工工艺；现场拌合用水、养护用水采取有效的节水措施；项目临时用水使用节水型产品；现场机具、设备、车辆冲洗、喷洒路面、绿化浇灌用水优先采用非传统水源，保护地下水环境。

（4）节能与能源利用

制定合理施工能耗指标，提高施工能源利用率；优先选用国家推荐的节能、高效、环保的施工设备和机具。

（5）节地及施工用地保护

临时设施的占地面积按用地指标所需的最低面积设计；对深基坑施工方案进行优化，减少土方开挖及回填量；红线外临时用地应尽量使用荒地、废地，少占农用田。

（6）发展绿色施工的新技术、新设备、新材料、新工艺

大力发展现场监测技术，加强信息技术应用，如绿色施工的虚拟现实技术、三维建筑模型的工程量自动统计、绿色施工组织设计的建立应用。通过应用信息技术，进行精密规划、设计、精心建造和优化集成，实现与提高绿色施工的各项指标。

（7）发展绿色科技创新

依靠科技进步，坚持技术创新，迅速提升建筑品质和性能，谋求可持续发展，杜绝和减少浪费。高效率地利用资源；建筑结构材料要有足够的强度和耐久性，相应的高性能。杜绝使用污染性材料，坚决有效地控制有害物质排放，并尽可能地利用清洁能源。

（8）建立建筑节能法制体系

当前，非常有必要抓紧研究和制定推进建筑节能的产业政策。强制性地执行现有的法规和节能标准，并期待政府加快相关标准规范的制定，逐步形成完善的法规标准体系，建立起强有力的约束机制。

第二节　绿色建筑的起源与内涵

一、绿色建筑的起源

随着经济的快速发展，建筑能耗问题开始备受关注，节能要求促进了建筑节能理念的产生和发展。20世纪60年代，美国生物学家提出了可持续发展的概念，树立了可持续发展的里程碑。之后，意大利建筑师首次提出了"生态建筑"理念。这个理念的提出，形成了最初的绿色建筑概念。这之后，全世界各地开始了绿色建筑的迅猛发展。

20世纪70年代，建筑节能被提上日程，低能耗建筑先后在世界各国展现出来。20世纪90年代，巴西里约热内卢"联合国环境与发展大会"的召开，标志着可持续发展的重要思想在全世界范围内达成共识。自此，一套相对完整的绿色建筑理论初步形成，并在不少国家实践推广，成为绿色建筑的发展方向。

绿色建筑概念的提出，开辟了其发展的新篇章。绿色建筑的研究从建筑个体、单纯技术上升到体系层面，由建筑设计扩展到环境评估、区域规划等领域，形成了整体性、综合性和多学科性交叉的特点。20世纪90年代，英国建筑研究所发布建筑研究所环境性能评价方法，标志着绿色建筑评价体系的首次建立。BREEAM体系对建筑与环境的矛盾做出了比较科学的评估，即为人类提供健康、舒适、高效的工作、居住、活动空间，同时节约能源和资源，减少对自然和生态环境的影响。美国绿色建筑协会发布《能源与环境设

计先导》，为进一步推广绿色建筑的普及和发展做出了重要贡献。之后各个国家开始研究适合本国国情的绿色建筑评估体系，如德国生态建筑导则、英国绿色建筑评估体系、澳大利亚建筑环境评估体系以及加拿大、法国、日本等体系，其中 LEED 认证在国际上和我国的影响力较大。绿色建筑成为改善人类生活环境的重要途径，是当今世界建筑发展的重要方向。为更好地推广绿色建筑的发展，有些国家开始推出绿色建筑标准作为强制性规定。

二、绿色建筑的内涵

（一）绿色智慧建筑的内涵

建筑给我们提供了满足生活、工作和休闲娱乐等各种需求的场所。据调查，人的一生有接近 70% 的时间是在建筑中度过的。因此，人们也一直在为如何创造更好的建筑环境而努力，不断有新的理念被提出来满足我们的需求。"绿色建筑""智慧建筑"等概念应运而生，"绿色建筑"描绘了一幅人与自然环境和谐共处的蓝图，让我们有望将碧海蓝天、青山绿水世代延续下去；"智慧建筑"则代表了建筑作为满足人类日益增长的物质文明和精神文明需求的重要载体所能达到的最先进的水平。当然，传统意义上的"绿色建筑"和"智慧建筑"虽然有共通之处，但侧重点是有明显不同的，前者侧重于节能和环保，后者倾向于智能与高效。在此背景下，人们提出"绿色智慧建筑"的新理念，旨在进一步提升建筑的舒适度、便利性和人性化程度。

1. 智慧建筑的含义

智慧建筑的前身是智能建筑，是指在建筑当中采用一系列的电子和信息技术，赋予建筑感知和反应能力的一种建筑形态。在当前，建筑物联网、传感器、控制器等技术已经广泛应用于各类建筑当中，再通过将自动控制技术与信息通信技术进行深度结合，则可以逐渐提高建筑的"智慧"程度。在未来，建筑必定能形成建筑空间、服务、管理等多方面的高度契合，向人们提供一个安全、高效、舒适、便捷的使用环境。

智慧建筑与传统建筑的最大不同点，也就是它的内涵，包括四种属性：智慧、高效、便捷、可持续。建筑的"智慧"属性，是基于全面感知、全面通信、全面控制来实现的，其中全面的感知是基础，获取了建筑各方面的信息和数据，通过泛在的通信传输到后台，后台可以实时、有目的地处理这些信息和数据并提出解决问题的方案，再发出控制指令去调节和解决存在的问题，形成了一个可以满足不同层次、不同要求的个性化建筑管理方案。智慧建筑的"高效"，取决于智慧建筑将各个智能化、信息化系统进行了集成，形成一个统一的整体，基于统一的协议、统一的标准，便于统一的分析决策与执行，智慧建筑的"便捷"体现在建筑设计当中，就是以人的个性化需求为出发点的，比传统的建筑更加注重使用者的舒适度和满意度，使建筑能够提供更多、更好、更灵活多样的服务。智慧建筑的"可持续性"与绿色建筑的追求是一致的，要求建筑符合节能、环保、低碳的要求，在设计、施工和运维等环节始终贯彻可持续发展的理念。由此可见，智慧建筑强调的是建筑建成之后，应该具备较高的智能化、信息化程度，能够给人们提供智慧、高效、便捷、可持续的建筑环境。

2. 绿色智慧建筑的内涵

根据前文的论述，可以看出，"绿色建筑"和"智慧建筑"是有共通之处的，它们都追求建筑与人的相处更加融洽，但二者的侧重点是有明显不同的，前者侧重于节能和环保，后者倾向于智能与高效，随着社会的进步和科技的发展，建筑行业也在进行着重大变革和提升，因此建筑又被赋予了新的内容——绿色与智慧的融合。绿色智慧建筑，将在深度融合绿色建筑与智慧建筑的基础上，提升建筑的舒适度、便利性和人性化程度。

事实上，"绿色智慧"的概念已被提出多年，并付诸各地城市和建筑的建设实践当中。一些学者提到，为了建设具备功能性、协调性、坚固性及响应性的基础设施，世界各地城市在基础设施的综合规划中尝试考虑提高效率、循环再生、因地制宜及集成优化，当中衍生了很多城市发展的理念及计划。

但对于绿色智慧建筑的内涵，人们依然没有统一的认识。绿色智慧建筑的实质，是在深度融合绿色建筑与智慧建筑的基础上，充分利用智慧建筑的技术手段和绿色建筑的管理理念，提供在舒适度、便利性和人性化方面均具有极高水平的一种新型建筑形态。它强调建设智慧建筑时所采用的技术手段的重要性，又点明必须融入建设绿色建筑是所遵循的节能、环保以及人与自然和谐共处的理念。

当谈论绿色智慧建筑的建设时，很多人认为这是"烧钱"的超前而不现实的设计理念。

绿色建筑的智慧化需要将我们的思维从脱离实际的发明创造转换到以服务换取价值的思维上来，我们不能一直将目光投在制造上，而应挖掘服务的价值，同时绿色建筑等智慧化建设需要政府协助企业提升技术，企业为客户服务的同时不断创新，使之形成产业并获取利润。

随着人们对建筑使用期望的增高和节能环保理念的深入人心，绿色智慧建筑的发展之路也必然会越走越宽。顺应时代的发展趋势，从各个环节推动绿色智慧建筑的建设，将是我国未来城市和建筑发展的重要课题，纵然当前绿色智慧建筑的发展仍然遭遇到技术发展不足、造价成本过高的问题，但有理由相信，在不久的将来，在绿色智慧建筑理念的指导下，我们必定会开创我国城市和建筑的崭新未来。

（二）绿色建筑经济的内涵

目前，全球正处于资源枯竭和环境严重污染的状态中，严峻的形势要求人类必须走可持续发展道路，重视资源节约和环境保护，尤其是资源消耗巨大并对环境产生严重影响的建筑业，而绿色建筑可以很好地减少目前建筑业给人类带来的困扰。以发展的可持续性为理念的绿色建筑，可以有效解决现阶段遇到的环境、生态、能源等问题，是符合 21 世纪可持续发展方向的绿色居住生活方式。由于各方面的原因阻碍着绿色建筑的发展，使其很难推广。开发商觉得绿色建筑就是增加投入成本，咨询设计单位技术力量欠缺，没有具备资质的专业技术人员。所以，绿色建筑全寿命周期的经济评价，对于绿色建筑的开发和推广起着至关重要的作用。

1. 绿色建筑经济的内涵

要想分析绿色建筑经济的发展现状，就要对绿色建筑的内涵有一个全面的了解。绿色建筑，就是在进行建筑活动时使用环保的建筑材料，节约能源，减少对环境的污染，实现经济效益和环境效益的有机统一。绿色建筑对建筑设计人员、施工人员和管理人员都提出了较高的要求，要求他们具有更高的专业素养和相关技术。我国目前绿色建筑经济的发展还不成熟，建筑技术和设备还在紧急研发和创新的阶段。绿色建筑起源于 20 世纪 70 年代，由于工业化发展，能源需求量大，石油作为工业发展的重要原料也出现了资源短缺的情况，发达国家兴起了节能技术的研发活动，其他国家也效仿起来，由此引起了绿色建筑的发展。现在，工业化进程不断加快，能源使用率逐步提高，科技发展使绿色建筑的理念得以充分实现，我国正处在绿色建筑快速发展时期，取得了很多较高的成就，但是也因为制度、技术、理念等缺乏完善，出现了不少难以逃避的问题。

2. 绿色建筑的全寿命周期成本评价

全寿命周期成本评价就是基于全寿命周期成本，对建筑全寿命周期内所有运行的一切成本费用进行评价。随着绿色建筑越来越多地被人们所接受，我国已经迎来了一个属于绿色建筑的时代，而对于绿色建筑的施工以及全过程来说，我们应该基于全寿命周期更加长远地对待其经济性，不仅要分阶段考虑目前的费用支出，更要看重项目的长远利益。这就必须具有全寿命周期评价的眼光，绿色建筑在进行成本评价时与一般建筑的成本评价最大的不同就是绿色建筑要考虑初始投资与全寿命周期成本之间的关系，以此来检验各项绿色技术的使用在各个方面产生的经济效益、社会效益和环境效益。

3. 低碳理念背景下的绿色建筑

社会发展的进步、人们生活质量的提升，推动了建筑行业规模逐渐扩大，而其发展给国民经济带来的收益是非常可观的，同时也成了新形势下我国国民经济的重要支撑，有效推动了经济的增长和提升。而实际上，我国传统建筑领域的建设还是以高经济投入、高能源消耗、高排放量、低工作效率、循环性差为主的粗放式发展模式。在一定程度上也给建筑行业贴上了不好的标签。这种高碳排放量的经济发展模式，导致温室效应急剧增加，使得人们居住环境以及各方面水平都受到了严重的影响。因此，就要进一步探索和建设最适合人类居住的建筑，绿色建筑的理念也由此诞生。绿色建筑就是在确保人和周围环境能够和谐共生的前提下，通过对建筑过程中使用的相关资源进行节约利用，进而保证人们居住环境的良好，最终达到节能减排的目的。而保证绿色建筑长远发展的关键，就是充分利用自然界中的绿色能源，例如风能、太阳能、生物能源等。最大限度地减少温室气体的排放量，使生态环境能够进行可持续发展。

同时低碳理念还要运用到建筑施工的各个环节中，进而从根本上改善人们的生活质量，推动和谐社会稳步前进。

4. 绿色建筑与一般建筑的区别

一般建筑的标准化、产业化发展易出现不同城市建筑雷同，绿色建筑强调建筑与地域资源、气候的差异，因而能够体现建筑文化。一般建筑和绿色建筑都以追求经济性为核心，但绿色建筑强调经济与环境的结构平衡，而不是一味追求经济效益。一般建筑的生产、使用忽视能耗影响，绿色建筑则以低能耗满足使用的功能、提高舒适度。一般建筑忽视与环境的沟通，绿色建筑更多关注与外部环境的关系。一般建筑运行结束固体废料可回收利用的较少，绿色建筑则在设计时就考虑尽可能采用可循环利用的材料。

5. 改变普通民众的相关观念

建筑为普通民众提供居住的房屋，保证建筑质量对居民来说是至关重要的。因此，要加强宣传教育，使人们对绿色建筑有充分了解，在选择建筑房屋时能够做出自己的判断。此外，媒体也应该发挥自身的作用，承担起社会责任，制作相应的宣传短片，生动形象地向公众阐述绿色建筑的概念。在普通高校，老师、辅导员也应该强化绿色经济的教育，激发学生的兴趣，为培养相关人才奠定基础。

只有具备了绿色的理念，才能促使学生认真学习、了解甚至从事绿色建筑经济行业。这就要求普通民众积极参与到绿色建筑行业的发展中去。

6. 绿色建筑外部效果成本的降低

在当前日益激烈的建筑市场中，绿色建筑经济的可持续发展必须建立在其具有一定的优势之上，而降低绿色建筑外部效果的成本，就是一种重要的措施。找出绿色建筑外部效果发展的优势，才能促进绿色建筑经济的发展。因此，应做好以下几方面的工作：

（1）始终遵循节能减排的基本原则，即尽可能地将绿色建筑的能耗降低，减少污染物的排放，加强对排放物的处理，切实做好保护环境的工作，以此打造舒适、安全、健康的生活和工作环境，最终实现建筑质量和功能与节能减排的高度统一。

（2）作为政府职能部门应充分意识到绿色建筑所带来的经济效益，并加强房地产市场的调控，做好房地产开发企业的引导和指导工作，加大政策扶植力度，为投资商提供更多的税金补贴，想方设法降低投资商前期的资金投入，使其觉得有利可图，才能更好地促进绿色建筑的发展，进而将绿色建筑的经济效益体现出来，提高绿色建筑经济发展的效果。

7. 对未来绿色建筑经济发展前景的展望

在全球碳排放激增、全球气候变暖的背景下，以低能耗、低污染为基础的低碳经济成为全球热点。因此，我国应着力发展低碳技术，并对产业、能源、技术、贸易等进行调整，抢占先机和产业制高点，绿色建筑经济的发展必然会成为未来建筑经济发展的主流，相信在未来的日子里，人们的环保意识会不断提升，绿色建筑也会得到广大投资商、消费者的认可和青睐。

当今世界，发展绿色经济已经成为一个重要趋势。我国人口众多、资源相对不足、环境承载能力较弱且正处在工业化、国际化程度不断提高的发展阶段，面临的资源环境压力较大。

绿色建筑是追求用最小的能源、资源、环境为代价，取得健康舒适高效的建筑环境。笔者在进行绿色建筑经济性分析时，也将绿色建筑市场供给和绿色建筑政策导向作为绿色建筑外部问题的一部分进行了分析。总之，绿色建筑的生产和使用能达到各方共赢的效果，其经济效益也十分显著。

第三节 我国绿色建筑的发展

城市化建设开展过程中，人们对绿色发展、循环发展等的认识也逐渐深化，推动绿色建筑发展，打造绿色的人居环境成为城市发展过程中人们追求的目标之一。当前国内的绿色建筑发展已经取得了一定的成果，但是其发展过程中仍出现一系列的问题，必须及时采取措施解决。

一、国内绿色建筑发展现状

（一）社会共识发展迅速

在当前国内经济发展过程中，人们已经逐渐吸取了传统发展模式带来的教训，转而支持以更为绿色的方式来开展各项建设工作。同时，随着国家节能减排宣传的深入以及资源节约型社会建设要求的提出，人们对绿色建筑的认识也在不断深入，使用该方式可能会导致前期的建筑投入增多，但是随着建筑建设的开展和投入应用，其产生的成本耗费会越来越少，还会为建筑单位等创造额外的收益。在该方式下，人们对可持续发展的认识也在进一步深入，绿色建筑建设逐渐成为社会共识。就当前国内绿色建筑而言，许多企业都开始提交绿色建筑建设报告，绿色建筑标识的申请数量也在不断增多，在该过程中，建筑建设用水和用材等都明显减少，许多材料可以循环利用，这对提高建设经济效益等具有重要作用。

（二）设计方法和设计原则更加合理

在绿色建筑建设发展过程中，其设计需要注意的事项也越来越多，主要强调对资源的有效选择和利用以及对建筑周边环境的分析。就当前国内绿色建筑发展而言，受影响相对较多的是威尔夫妇提出的尊重用户和整体设计观的相关理念以及斯图尔特在《生态设计》一书中提出的将生态和建筑建设结合起来，用生态来为建筑建设提供标准的各项理念。国内绿色建筑在充分利用上述理念的情况下，又提出了更多的新概念，包括加强对资源节约和资源利用、重视环境友好型社会建设以及参与式设计等新理念，这些都是当前绿色建筑行业相对较火的概念，可以加强建筑建设和用户以及与自然环境之间的联系，在建筑建设过程中将各个环节联系起来，综合考虑后续各项建设工作，对提高绿色建筑的质量等具有重要意义。

（三）新技术和新材料更新速度变快

在绿色建筑宣传和发展过程中，越来越多的人认识到了绿色建筑对资源节约型社会建设和绿色生活的好处，与其相关的新技术和新材料层出不穷，这也在一定程度上推动了绿色建筑的发展。特别是在当前建设过程中，相关人员将科学知识和绿色建筑建设联系了起来，研发了被动式节能技术和太阳能技术等新技术，该类技术在应用过程中充分考虑了地域因素和季节因素，同时可以对建筑开展自动化控制，通过多角度分析来对建筑的寿命和建筑的状态等进行评价，在此基础上合理开展各项能源利用工作，可以有效保障绿色建筑质量。绿色建材是近年来逐渐兴起的新概念，利用该类建材，如生态水泥和绿色混凝土等可以提高建筑的保温效果。在该类材料的作用下，建筑内部温度调节等工作可以自动开展，在初夏等季节里，不需要借助空调等电器，只需要依靠建筑的自身调节就可以满足人们对温度的需求，这就大大减少了电能等能源的浪费，可以有效节约建筑应用过程中消耗的能源。

二、绿色建筑建设面对的挑战

尽管绿色建筑当前已经取得了不错的效果，人们对绿色建筑的认识也在不断深入，但是绿色建筑发展过程中仍然存在许多问题。

第一，在建设过程中，受到立法要求等方面的影响，国内的绿色建筑法律体系发展仍然相对缓慢，许多建筑建设需要的法律条款并没有及时到位，建设过程中存在许多不足之处。

第二，受到经济发展以及社会认知程度等方面的影响，国内的绿色建筑用地发展并不平衡，东部沿海等相对发达的地区，其绿色建筑发展相对较快，而中西部地区由于经济发展相对较慢，其绿色建筑的数量相对较少。随着国家政策的支持等，中西部地区也有计划地开始了绿色建筑建设工作并取得了不错的成效，对缩小东西部之间的绿色建筑不平衡现象具有重要意义。

第三，尽管绿色建筑已经逐渐成为社会共识，相关企业也在积极开展绿色建筑建设和战略发展工作，但是受到地区经济发展要求和企业发展要求等方面的影响，企业为了在短时间内获得较高的经济收益，仍然选择利用传统建设方式来开展各项建筑建设工作。

第四，可以发现，尽管绿色建筑能够创造相对较高的生态效益和社会效益，但是在建设过程中，受到其宣传深度和使用材料等方面的影响，建筑建设过程中绿色建筑能够发挥的作用仍然是有限的，这就导致社会各界对绿色建筑的认识仍然存在一定的误区，绿色建筑市场建设缺乏稳妥的环境，其消费的热潮还未完全形成，这就在一定程度上阻碍了绿色建筑的新一轮发展，绿色建筑发展将会面对许多的新问题。

第五，绿色建筑也是建筑行业的重要组成部分之一，在建设过程中需要统筹生产、营销、咨询和运营管理等多个环节，对各环节工作人员的专业能力和综合素质等都提出了相对较高的要求。但是在当前建设过程中，由于国家对该方面的重视仍存在一定的不足，相应的绿色建筑设计和从业资格确认等工作也没有及时落实，导致绿色建筑行业发展过程中掺入许多非专业人士，将会对绿色建筑发展的专业性产生一定的影响。同时，绿色建筑评审等工作在开展过程中存在一定的问题，涉及具体的标准时，相关专家并不能及时形成统一的意见，这也会对绿色建筑行业的发展产生不利的影响。

三、如何推进绿色建筑发展

1. 树立绿色施工建筑理念

绿色建筑设计理念旨在降低建筑过程中的能耗，减轻建筑带来的环境污染状况，从而实现经济效益与生态效益的统一。

2022 年北京冬奥会场馆运用的就是全新的绿色建筑理念。在世界首个"双奥之城"北京，从理念上赋予了城市层面就是以绿色为底色。冬奥场馆让"低碳冬奥"蓝图变为现实，成为助推城市可持续发展的一笔重要资产。

2. 建立绿色建筑体系指标

（1）安全耐久方面。要求场地避开滑坡、泥石流等地质危险地段，易发生洪涝地区应有可靠的防洪涝基础设施。

（2）健康舒适方面。要求室内空气中的氨、甲醛、苯等挥发性有机物污染浓度符合国家相关标准。

（3）生活便利方面。要求建筑、室外场地、公共绿地、城市道路相互之间应设置连贯的无障碍步行系统。

（4）资源节约方面。要结合场地自然条件和建筑功能需求，对建筑物的体形、平面布局、空间尺度、围护结构等进行节能设计。

（5）清洁能源方面。要从源头减少建筑碳排放，积极开发、利用可再生能源。例如：北京市冬奥场馆 100% 使用绿色电力；延庆山地新闻中心建有光伏发电系统，实现电力"自发自用，余电上网"。

（6）生态环境保护方面。包括自然保护区、源头水及水源保护区、水土保持、景观保护等方面都要以保护环境为出发点。北京冬奥延庆赛区坚持"生态优先"建设原则，赛区采用树木移植、表土剥离等方式，成功修复 185 万平方米建设用地。

（7）提高与创新方面。采用适宜地区特色的建筑风貌设计，因地制宜传承地域建筑文化，采用符合工业化建造要求的结构体系与建筑构件，应用建筑信息模型（BIM）技术，进行建筑碳排放计算分析，采取措施降低单位建筑面积碳排放强度。在创新技术应用方面北京国家速滑馆采用马鞍形单层索网结构，屋顶重量仅为传统屋顶的四分之一，大幅减少场馆耗材并降低建设难度。此外，北京冬奥会冰上场馆大规模采用二氧化碳环保制冷剂进行制冰，该制冷剂碳排放值趋近于零；制冰中产生的高品质余热可进行回收利用，较传统方式效能提升约 30%，这些好的创新技术都要大力推广。

3. 大力推广我国绿色建筑技术

一直以来，我们在建材工业方面只注重短期利益，盲目使用不可再生的资源，一直走高消耗、高污染的道路，近些年来，许多有识之士一直呼吁发展绿色建材，提高能源的使用率，主张绿色建筑，这是社会发展的必然，也是历史赋予我们的重任。现在局势岌岌可危，我们一定要未雨绸缪，一旦资源浪费和环境污染达到了一定的程度，我们就没有回头路可走，我们赖以生存的环境就会一去不复返，引以为傲的能源资料就只会成为历史。

目前我国环境压力日益剧增，迫切需要科学适宜的绿色建筑技术和经验。使用新能源，需要不断探索和不断创新，尤其是建筑施工方面，需要实践出真知。经济越发达，能源需求量越大，再生能源的需要也随之增强。工作人员务必以身作则，大力宣扬新能源的优点，广泛推广，为节约能源尽一己之力，为新能源的使用做出贡献。深圳万科中心（万科总部大楼），就是使用绿色能源的一个突出的例子。万科中心是绿色标准化建筑，对自然能源（比如阳光、自然风力、天空降雨）做到了充分的利用，对于南方地区绿色建筑新技术的大范围应用和展示（可调外遮阳技术、太阳能光伏发电技术、冰蓄冷技术、钢结构体系等）具有重要的示范作用；其集办公、住宅和酒店等多功能为一体，属于大型建筑群，系深圳市第一批建筑节能及绿色建筑示范项目。

我们要合理地使用能源，将绿色建筑纳入整个施工过程，尽量挖掘潜力，节能减排，杜绝一切资源浪费现象，在采暖方面大力进行节能改造，鼓励绿色建筑改造工程，推动绿色建筑的可持续性发展，制订长远的计划，因地制宜，做好再生能源的推广，规范绿色建筑施工，重点监测能源消耗，奖罚分明。

第二章　绿色建筑设计要素

绿色建筑的设计要素主要包括室内外环境与健康舒适性、安全可靠性与耐久适用性、节约环保性与自然和谐性、低耗高效性与文明性以及综合整体创新设计。本章将对以上设计要素展开讨论。

第一节　室内外环境与健康舒适性

一、绿色建筑设计的基本理论

（一）绿色建筑设计的依据与原则

1.绿色建筑设计的依据

（1）人体工程学和人性化设计

绿色建筑不仅仅是针对环境而言的，在绿色建筑设计中，首先必须满足人体和人体活动所需的基本尺寸及空间范围的要求，同时还要对人性化设计给予足够的重视。

1）人体工程学

人体工程学，也称人类工程学或人类工效学，是一门探讨人类劳动、工作效果、效能的规律性的学科。按照国际工效学会所下的定义，人体工程学是一门"研究人在某种工作环境中的解剖学、生理学和心理学等方面的各种因素；研究人和机器及环境的相互作用；研究在工作中、家庭生活中和休假时怎样统一考虑工作效率、人的健康、安全和舒适等问题的科学"。

建筑设计中的人体工程学主要内涵是：以人为主体，通过运用人体、心理、生理计测等方法和途径，研究人体的结构功能、心理等方面与建筑环境之间的协调关系，使得建筑设计适应人的行为和心理活动需要，取得安全、健康、高效和舒适的建筑空间环境。

2）人性化设计

人性化设计在绿色建筑设计中的主要内涵为：根据人的行为习惯、生理规律、心理活动和思维方式等，在原有的建筑设计基本功能和性能的基础之上，对建筑物和建筑环境进行优化，使其使用更为方便舒适。换言之，人性化的绿色建筑设计是对人的生理心理需求和精神追求的尊重及最大限度的满足，是绿色建筑设计中人文关怀的重要体现，是对人性的尊重。人性化设计旨在做到科学与艺术结合、技术符合人性要求，现代化的材料、能源、施工技术将成为绿色建筑设计的良好基础，并赋予其高效而舒适的功能，同时，艺术和人性将使绿色建筑设计更加富于美感，充满情趣和活力。

（2）环境因素

绿色建筑的设计建造是为了在建筑的全寿命周期内，适应周围的环境因素，最大限度地节约资源，保护环境，减少对环境的负面影响。绿色建筑要做到与环境的相互协调与共生，因此在进行设计前必须对自然条件有充分的了解。

1）气候条件

地域气候条件对建筑物的设计有最为直接的影响。例如，在干冷地区建筑物的体型应设计得紧凑一些，减少外围护面散热的同时利于室内采暖保温；而在湿热地区的建筑物设计则要求重点考虑隔热、通风和遮阳等问题。在进行绿色建筑设计时应首先明确项目所在地的基本气候情况，以利于在设计开始阶段就引入"绿色"的概念。

日照和主导风向是确定房屋朝向和间距的主导因素，对建筑物布局将产生较大影响。合理的建筑布局将成为降低建筑物使用过程中能耗的重要前提条件。如在一栋建筑物的功能、规模和用地确定之后，建筑物的朝向和外观形体将在很大程度上影响建筑能耗。在一般情况下，建筑形体系数较小的建筑物，单位建筑面积对应的外表面积就相应减小，有利于保温隔热，降低空调系统的负荷。住宅建筑内部负荷较小且基本保持稳定，外部负荷起到主导作用，外形设计应采用小的形体系数。对于内部发热量较大的公共建筑，夏季夜间散热尤为重要，因此，在特定条件下，适度增大形体系数更有利于节能。

2）地形、地质条件和地震烈度

对绿色建筑设计产生重大影响的还包括基地的地形、地质条件以及所在地区的设计地震烈度。基地地形的平整程度、地质情况、土特性和地耐力的大小，对建筑物的结构选择、平面布局和建筑形体都有直接的影响。结合地形条件设计，保证建筑抗震安全的基础上，最大限度地减少对自然地形地貌的破坏，是绿色建筑倡导的设计方式。

3）其他影响因素

其他影响因素主要指城市规划条件、业主和使用者要求等因素，如航空及通信限高、文物古迹遗址、场所的非物质文化遗产等。

（3）建筑智能化系统

绿色建筑设计中不同于传统建筑的一大特征就是建筑的智能化设计，依靠现代智能化系统，能够较好地实现建筑节能与环境控制。绿色建筑的智能化系统是以建筑物为平台，兼备建筑设备、办公自动化及通信网络系统，是集结构、系统服务、管理等于一体的最优化组合，向人们提供安全、高效、舒适、便利的建筑环境。而建筑设备自动化系统（BAS）将建筑物、建筑群内的电力、照明、空调、给排水、防灾、保安、车库管理等设备或系统构成综合系统，以便集中监视、控制和管理。

建筑智能化系统在绿色建筑的设计、施工及运营管理阶段均可起到较强的监控作用，便于在建筑物的全寿命周期内实现控制和管理，使其符合绿色建筑评价标准。

2. 绿色建筑设计的原则

绿色建筑是综合运用当代建筑学、生态学及其他技术科学的成果，把建筑看成一个小的生态系统，为使用者提供生机盎然、自然气息浓厚、方便舒适并节省能源、没有污染的建筑环境。绿色建筑是指能充分利用自然环境资源，并以不破坏基本生态环境为目的而建造的人工场所，所以，生态专家一般又称其为环境共生建筑。绿色建筑不仅有利于小环境及大环境的保护，而且十分有益于人类的健康。为了达到既有利于环境又有利于人体健康的目的，应坚持以下原则：

（1）坚持建筑可持续发展的原则

规范绿色建筑的设计，大力发展绿色建筑的根本目的，是为了贯彻执行节约资源和保护环境的国家技术经济政策，推进建筑业的可持续发展，造福千秋万代。建筑活动是人类对自然资源、环境影响最大的活动之一。我国正处于经济快速发展阶段，资源消耗总量逐年迅速增长。因此，必须牢固树立和认真落实科学发展观，坚持可持续发展理念，大力发展绿色建筑。发展绿色建筑应贯彻执行节约资源和保护环境的国家技术经济政策。实事求是地讲，我国在推行绿色建筑的客观条件方面，与发达国家存在很大的差距，坚持发展中国特色的绿色建筑是当务之急，从规划设计阶段入手，追求本土、低耗、精细化，是中国绿色建筑发展的方向。制定相关规范的目的是规范和指导绿色建筑的设计，推进我国的建筑业可持续发展。

（2）坚持全方位绿色建筑设计的原则

绿色建筑设计不仅适用于新建工程绿色建筑的设计，同时也适用于改建和扩建工程绿色建筑的设计。城市的发展是一个不断更新和变化的动态过程，在这种新陈代谢的过程中，如何对待现存的旧建筑成为亟待解决的问题。其中包括列入国家历史遗址保护名单的旧建筑，还包括大量存在的虽然仍处于设计寿命期，但功能、设施、外观已不能满足当前需要，根据法规条例得不到保护的一般性旧建筑。随着城市的发展日趋成熟与饱和，如何在已有的限制条件下为旧建筑注入新的生命力，完成旧建筑的重生成为热点问题。城市化要进行大规模建设是一个永恒的课题。对城市旧建筑进行必要的改造，是城市发展的具体方式之一。世界城市发展的历史表明，任何国家城市建设大体都经历3个发展阶段，即大规模新建阶段和新建与维修改造并重阶段，以及主要对旧建筑更新改造再利用阶段。工程实践充分证明，旧建筑的改建和扩建不仅有利于充分发掘旧建筑的价值、节约资源，而且还可以减少对环境的污染。在我国旧建筑的改造具有很大的市场，绿色建筑的理念应当应用到旧建筑的改造中去。

（3）坚持全寿命周期的绿色建筑设计原则

对于绿色建筑必须考虑到在其全寿命周期内，节能、节地、节水、节材、保护环境、满足建筑功能之间的辩证关系，体现经济效益、社会效益和环境效益的统一。建筑从最初的规划设计到随后的施工、运营、更新改造及最终的拆除，形成一个时间较长的寿命周期。关注建筑的整个寿命周期，意味着不仅要在规划设计阶段充分考虑并利用环境因素，而且要确保施工过程中对环境的影响最低，运营阶段能为人们提供健康、舒适、低耗、无害的活动空间,拆除后又对环境危害降到最低。绿色建筑要求在建筑的整个寿命周期内,最大限度地节能、节地、节水、节材与保护环境,同时满足建筑功能。

工程实践证明,以上这些方面有时是彼此矛盾的,如为片面追求小区景观而过多地用水,为达到节能单项指标而过多地消耗材料,这些都是不符合绿色建筑理念的;而降低建筑的功能要求、降低适用性,虽然消耗资源少,也不是绿色建筑所提倡的。节能、节地、节水、节材、保护环境及建筑功能之间的矛盾,必须放在建筑全寿命周期内统筹考虑与正确处理,同时还应重视信息技术、智能技术和绿色建筑的新技术、新产品、新材料与新工艺的应用。绿色建筑最终应能体现出经济效益、社会效益和环境效益的统一。

(4)必须符合国家其他相关标准的规定

绿色建筑的设计除了必须符合规定外,还应当符合国家现行有关标准的规定。由于在建筑工程设计中各组成部分和不同的功能,均已经颁布了很多具体规范和标准,因此,符合国家的法律法规与其他相关标准是进行绿色建筑设计的必要条件。

(二)绿色建筑设计的内容与要求

1.绿色建筑设计的内容

绿色建筑的设计内容远多于传统建筑的设计内容。绿色建筑的设计是一种全面、全过程、全方位、联系、变化、发展、动态和多元绿色化的设计过程,是一个就总体目标而言,按照轻重缓急和时空上的先后次序,不断地发现问题、提出问题、分析问题、分解具体问题、找出与具体问题密切相关的影响要素及其相互关系,针对具体问题制定具体的设计目标,围绕总体的和具体的设计目标进行综合的整体构思、创意与设计的过程。根据目前我国绿色建筑发展的实际情况,一般来说,绿色建筑设计的内容主要概括为综合设计、整体设计和创新设计三个方面。

(1)绿色建筑的综合设计

所谓绿色建筑的综合设计是指技术经济绿色一体化综合设计,就是以绿色设计理念为中心,在满足国家现行法律法规和相关标准的前提下,在技术的先进可行和经济的实用合理的综合分析的基础上,结合国家现行有关绿色建筑标准,按照绿色建筑的各方面的要求,对建筑所进行的包括空间形态与生态环境、功能与性能、构造与材料、设施与设备、施工与建设、运行与维护等方面内容在内的一体化综合设计。在进行绿色建筑的综合设计时,要注意考虑以下方面:进行绿色建筑设计要考虑到建筑环境的气候条件;进行绿色建筑设计要考虑到应用环保节能材料和高新施工技术;绿色建筑是追求自然、建筑和人三者之间和谐统一;以可持续发展为目标,发展绿色建筑。

绿色建筑是随着人类赖以生存的自然界中不断濒临失衡的危险现状所寻求的理智战略,它告诫人们必须重建人与自然有机和谐的统一体,实现社会经济与自然生态高水平的协调发展,建立人与自然共生共息、生态与经济共繁荣的持续发展的文明关系。

(2)绿色建筑的整体设计

所谓绿色建筑的整体设计是指全面、全程、动态、人性化的整体设计,就是在进行建筑综合设计的同时，以人性化设计理念为核心，把建筑当作一个全寿命周期的有机整体来看待，把人与建筑置于整个生态环境之中，对建筑进行的包括节地与室外环境、节能与能源利用、节水与水资源利用、节材与绿色材料资源利用、室内环境质量和运营管理等内容在内的人性化整体设计。

整体设计对绿色建筑至关重要，必须考虑当地的气候、经济、文化等多种因素，从六个技术策略入手：首先要有合理的选址与规划，尽量保护原有的生态系统，减少对周边环境的影响，并且充分考虑自然通风、日照、交通等因素；要实现资源的高效循环利用，尽量使用再生资源；尽可能采取太阳能、风能、地热、生物能等自然能源；尽量减少废水、废气、固体废物的排放，采用生态技术实现废物的无害化和资源化处理，以便回收利用；控制室内空气中各种化学污染物质的含量，保证室内通风、日照条件良好；绿色建筑的建筑功能要具备灵活性、适应性和易于维护等特点。

（3）绿色建筑的创新设计

所谓绿色建筑的创新设计是指具体进行个性化创新设计，就是在进行综合设计和整体设计的同时，以创新型设计理论为指导，把每一个建筑项目都作为独一无二的生命有机体来对待，因地制宜、因时制宜、实事求是和灵活多样地对具体建筑进行具体分析，并进行个性化创新设计。创新是以新思维、新发明和新描述为特征的一种概念化过程，创新是设计的灵魂，没有创新就谈不上真正的设计，创新是建筑及其设计充满生机与活力永不枯竭的动力和源泉。

2.绿色建筑设计的要求

我国是一个人均资源短缺的国家，每年的新房建设中有80%为高耗能建筑，因此，目前我国的建筑能耗已成为国民经济的巨大负担。如何实现资源的可持续利用成为急需解决的问题。随着社会的发展，人类面临着人口剧增、资源过度消耗、气候变暖、环境污染和生态破坏等问题的威胁。在严峻的形势面前，对快速发展的城市建设而言，按照绿色建筑设计的基本要求，实施绿色建筑设计，显得非常重要。

（1）绿色建筑设计的功能要求

构成建筑物的基本要素是建筑功能、建筑的物质技术条件和建筑的艺术形象。其中建筑功能是三个要素中最重要的一个，它是人们建造房屋的具体目的和使用要求的综合体现，是居住、饮食、娱乐、会议等各种活动对建筑的基本要求，这是决定建筑形式、建筑各房间的大小、相互间联系方式等的基本因素。绿色建筑设计实践证明，满足建筑物的使用功能要求，为人们的生产生活提供安全舒适的环境，是绿色建筑设计的首要任务。例如在设计绿色住宅建筑时，首先要考虑满足居住的基本需要，保证房间的日照和通风，合理安排卧室、起居室、客厅、厨房和卫生间等的布局，同时还要考虑到住宅周边的交通、绿化、活动场地、环境卫生等方面的要求。

（2）绿色建筑设计的技术要求

现代建筑业的发展，离不开节能、环保、安全、耐久、外观新颖等方面的设计要求，绿色建筑作为一种崭新的设计思维和模式，应当根据绿色建筑设计的技术要求，提供给使用者有益健康的建筑环境，并最大限度地保护环境，减少建造和使用中各种资源的消耗。

绿色建筑设计的基本技术要求，包括正确选用建筑材料，根据建筑物平面布局和空间组合的特点，采用当今先进的技术措施，选取合理的结构和施工方案，使建筑物建造方便、坚固耐用。例如，在设计建造大跨度公共建筑时采用的钢网架结构，在取得较好外观效果的同时，也可获得大型公共建筑所需的建筑空间尺度。

（3）绿色建筑设计的经济要求

建筑物从规划设计到使用拆除，均是一个物质生产的过程，需要投入大量的人力、物力和资金。在进行建筑规划、设计和施工过程中，应尽量做到因地制宜、因时制宜，尽量选用本地的建筑材料和资源，做到节省劳动力、建筑材料和建设资金。设计和施工需要制订详细的计划和核算造价，追求经济效益。建筑物建造所要求的功能、措施要符合国家现行标准，使其具有良好的经济效益。

建筑设计的经济合理性是建筑设计中应遵循的一项基本原则，也是在建筑设计中要同时达到的目标之一。由于可用资源的有限性，要求建设投资的合理分配和高效性。这就要求建筑设计工作者要根据社会生产力的发展水平、国家的经济发展状况、人民生活的现状和建筑功能的要求等因素，确定建筑的合理投入和建造所要达到的建设标准，力求在建筑设计中做到以最小的资金投入，去获得最大的使用效益。

（4）绿色建筑设计的美观要求

建筑是人类创造的最值得自豪的文明成果之一，在一切与人类物质生活有直接关系的产品中，建筑是最早进入艺术行列的一种。人类自从开始按照生活的使用要求建造房屋以来，就对建筑产生了审美的观念。每一种建筑风格的形式，都是人类为表达某种特定的生存理念及满足精神慰藉和审美诉求而创造出来的。建筑审美是人类社会最早出现的艺术门类之一，建筑中的美学问题也是人们最早讨论的美学课题之一。建筑被称为"凝固的音符"，充满创意灵感的建筑设计作品，是一座城市的文化象征，是人类物质文明和精神文明的双重体现，在满足建筑基本使用功能的同时，还需要考虑满足人们的审美需求。绿色建筑设计则要求建筑师要设计出兼具美观和实用的产品，设计出的建筑物除了要满足基本的功能需求之外，还要具有一定的审美性。

二、绿色建筑室内外环境的设计

室内外环境设计是建筑设计的深化，是绿色建筑设计中的重要组成部分。随着社会的进步和人民生活水平的提高，建筑室内外环境设计在人们的生活中越来越重要。在现代社会，人类已不再只简单地满足于物质功能的需要，而是更多地追寻精神上的满足。因此，绿色建筑室内外环境必须围绕着人们更高的需求来进行设计，包括物质需求和精神需求。

具体而言，绿色建筑的室内外环境设计要素主要包括对建造材料的控制、对室内有害物质的控制、对室内热环境的控制、对建筑室内隔声的设计、对室内采光与照明的设计、对室外绿地的设计。

（一）对建造材料的控制

绿色建筑提倡使用可再生和可循环的天然材料，同时应尽量减少对含甲醛、苯、重金属等有害物质的材料的使用。与人造材料相比，天然材料含有较少的有害物质，并且更加节能。只有当大量使用无污染节能环保的材料时，绿色建筑才具有可持续性。此外，绿色建筑还应该提高对高强高性能材料的使用量，这样绿色建筑可以进行垃圾分类收集、分类处理，以及有机物的生物处理，尽可能减少建筑废弃物的排放和空气污染物的产生，实现资源的可持续发展。

（二）对室内有害物质的控制

现代人平均有 60%~80% 的时间生活和工作在室内，室内空气质量的好坏直接影响着人们的生活质量和身体健康。当前，与室内空气污染有直接关系的疾病，已经成为社会普遍关注的热点，也成为绿色建筑设计考虑的重点。认识和分析常见的室内污染物，采取有效措施对有害物质进行控制，防患于未然，对于提高人类生活质量有着重要的意义。其中，甲醛、氨气、苯和放射性物质等，不仅是目前室内环境污染物的主要来源，还是对室内污染物的控制重点。为此，在设计绿色建筑时，要控制污染源，应尽量使用国家认证的环保型材料，提倡合理使用自然通风。这样不仅可以节省更多的能源，而且有利于室内空气品质的提高。此外，绿色建筑在建成后，还要通过环保验收，有条件的建筑可以设置污染监控系统，以确保建筑物内的空气质量达到人体所需要的健康标准。

（三）对室内热环境的控制

在设计绿色建筑时，必须注意空气温度、湿度、气流速度以及环境热辐射对建筑室内的影响。可以使用专门的仪器来监控绿色建筑的室内热环境。

（四）对建筑室内隔声的设计

绿色建筑室内隔声的设计内容主要包括选定合适的隔声量、采取合理的布局、采用隔声结构和材料、采取有效的隔振措施。

第一，选定合适的隔声量。对于音乐厅、录音室、测听室等特殊建筑，可以按其内部容许的噪声级和外部噪声级的大小来确定所需构件的隔声量；对于普通住宅、办公室、学校等建筑，受材料、投资和使用条件等因素的限制，选取围护结构隔声量时就要综合各种因素来确定最佳数值，通常可采用居住建筑隔声标准所规定的隔声量。

第二，采取合理的布局。在设计绿色建筑的隔声时，最好不用特殊的隔声构造，而是利用一般的构件和合理布局来满足隔声要求。例如，在设计绿色住宅时，厨房、厕所的位置要远离邻户的卧室、起居室；在设计剧院、音乐厅时，可用休息厅、门厅等形成声锁来满足隔声的要求。此外，为了降低隔声设计的复杂性和投资额，绿色建筑应该尽可能将噪声源集中起来，使之远离需要安静的房间。

第三，采用隔声结构和材料。某些需要特别安静的房间，如录音棚、广播室、声学实验室等，可以采用双层围护结构或其他特殊构造，以保证室内的安静。在普通建筑物内，若采用轻质构件，只有设计成双层构造，才能满足隔声要求。对于楼板撞击声，可以采用弹性或阻尼材料来做面层或垫层，或在楼板下增设分离式吊顶，以减少干扰。

第四，采取有效的隔振措施。如果绿色建筑内有电机等设备，除了利用周围墙板隔声之外，还必须在其基础和管道与建筑物的联结处安设隔振装置。

（五）对室内采光与照明的设计

就人的视觉来说，没有光也就没有一切。在室内设计中，光不仅能满足人们的视觉需要，而且还是一个重要的美学因素。光可以形成空间、改变空间或者破坏空间，直接影响到人对物体大小、形状、质地和色彩的感知。研究证明，光还会影响细胞的再生长、激素的产生、腺体的分泌以及体温、身体的活动和食物的消耗等生理节奏。因此，室内照明是建筑室内设计的重要组成部分之一，在设计之初就应该加以考虑。

室内采光主要有自然光源和人工光源两种。出于节能减排的考虑，绿色建筑应最大限度地利用自然光源，并辅以人工光源。但是，自然采光存在一个重大缺陷，即不稳定，难以达到所要求的室内照度均匀度。对此，可以在绿色建筑的高窗位置采用反光板、折光棱镜等，从而将更多的自然光线引入室内，改善室内自然采光形成照度的均匀性和稳定性。

（六）对室外绿地的设计

要想合理有效地促进城市室外绿地建设，改善城市环境的生态和景观，保证城市绿地符合适用、经济、安全、健康、环保、美观、防护等基本要求，确保绿色建筑室外绿地设计质量，需要贯彻人与自然和谐共存、可持续发展、经济合理等基本原则，创造良好的生态和景观效果，协调并促进人的身心健康。

三、绿色建筑健康舒适性的设计

发达国家的经验表明，真正的绿色建筑不仅能提供舒适而安全的室内环境，还具有与自然环境相和谐的良好的建筑外部环境。在进行绿色建筑规划、设计和施工时，不仅要考虑当地气候、建筑形态、设施状况、营建过程、建筑材料、使用管理等对外部环境的影响，以及是否具有舒适、健康的内部环境，还要考虑投资人、用户以及设计、安装、运行、维修人员之间的利害关系。

（一）注重利用大环境资源

在绿色建筑的规划设计中，合理利用大环境资源和充分节约能源，是可持续发展战略的重要组成部分，是当代中国建筑和世界建筑的发展方向。真正的绿色建筑要想实现资源的循环，应改变单向的灭失性的资源利用方式，尽量加以回收利用；要想实现资源的优化合理配置，应依靠梯度消费，减少空置资源，抑制过度消费，做到物有所值、物尽其用。

（二）具有完善的生活配套设施

住宅区配套公共服务设施是满足居民基本的物质和精神生活所需的设施，也是保证居民生活品质的重要组成部分。根据《城市居住区规划设计标准》（GB 50180—2018）的规定，居住区按照居民在合理的步行距离内满足基本生活需求的原则，可分为十五分钟生活圈居住区、十分钟生活圈居住区、五分钟生活圈居住区及居住街坊四级，其分级控制规模应符合表 2-1 的规定。

表 2-1　居住区分级控制规模

距离与规模	十五分钟生活圈居住区	十分钟生活圈居住区	五分钟生活圈居住区	居住街坊
步行距离（m）	800~1000	500	300	~
居住人口（人）	50000~100000	15000~25000	5000~12000	1000~3000
住宅数量（套）	17000~32000	5000~8000	1500~4000	300~1000

在规划设计绿色建筑时，配套设施应遵循配套建设、方便使用、统筹开放、兼顾发展的原则进行配置，其布局应遵循集中和分散兼顾、独立和混合使用并重的原则，并应符合下列规定：

1. 十五分钟和十分钟生活圈居住区配套设施，应依照其服务半径相对居中布局。

2. 十五分钟生活圈居住区配套设施中，文化活动中心、社区服务中心（街道级）、街道办事处等服务设施宜联合建设并形成街道综合服务中心，其用地面积不宜小于 $10000m^2$。

3. 五分钟生活圈居住区配套设施中，社区服务站、文化活动站（含青少年、老年活动站）、老年人日间照料中心（托老所）、社区卫生服务站、社区商业网点等服务设施，宜集中布局、联合建设，并形成社区综合服务中心，其用地面积不宜小于 $3000 \ m^2$。

4. 旧区改建项目应根据所在居住区各级配套设施的承载能力合理确定居住人口规模与住宅建筑容量；当不匹配时，应增补相应的配套设施或对应控制住宅建筑增量。

（三）具有多样化的住宅户型

由于信息技术的飞速发展，网络兴起，改变了人们的生活观念，人们的生活方式日趋多样化，对于户型的要求也变得越来越多样化，因而对于户型多样化设计的研究也就越发显得急迫。

（四）建筑功能的多样化

建筑功能是指建筑在物质方面和精神方面的具体使用要求，也是人们设计和建造建筑想要达到的目的。不同的功能要求产生了不同的建筑类型，如工厂为了生产，住宅为了居住、生活和休息，学校为了学习，影剧院为了文化娱乐，商店为了商品交易等。

这里以绿色住宅为例，介绍建筑功能的多样化。具体而言，绿色住宅的分区及其建筑功能如下：

1. 公共活动区，具有客厅、餐厅、门厅等建筑功能；

2. 私密休息区，具有卧室、书室、保姆房等建筑功能；

3. 辅助区，具有厨房、卫生间、储藏室、健身房、阳台等建筑功能。

（五）建筑室内空间的可改性

住宅方式、公共建筑规模、家庭成员和结构是不断变化的，生活水平和科学技术水平也在不断提高，因此，绿色建筑具有可改性是客观需要，也是符合可持续发展的原则。可改性首先需要有大空间的结构体系来保证，如大柱网的框架结构和板柱结构、大开间的剪力墙结构；其次，应有可拆装的分隔体和可灵活布置的设备与管线。

由于结构体系常受施工技术与装备的制约，需要因地制宜来选择，一般可以选用结构不太复杂，又可以适当分隔的结构体系，如轻质分隔墙。虽然轻质分隔墙已有较多产品，但要实现用户自己动手，既易拆卸又能安装，还需要进一步研究其组合的节点构造。限于篇幅原因，这里不再介绍。

第二节　安全可靠性与耐久适用性

一、绿色建筑安全可靠性的设计

安全性和可靠性是绿色建筑最基本的特征，其实质是以人为本，对人的安全和健康负责。安全性是指建筑工程建成后在使用过程中保证结构安全、保证人身和环境免受危害的程度；可靠性是指建筑工程在规定的时间和规定的条件下完成规定功能的能力。绿色建筑安全可靠性的设计主要包括确保选址安全的设计措施、确保建筑安全的设计措施等要素。

（一）确保选址安全的设计措施

设计绿色建筑时，要在符合国家相关安全规定的基础上，对绿色建筑的选址和危险源的避让提出要求。首先，绿色建筑必须考虑基地现状，最好仔细察看其历史上相当长一段时间的情况，有无发生过地质灾害；其次，经过实地勘测地质条件，准确评价适合的建筑高度。

（二）确保建筑安全的设计措施

1.建筑设计必须与结构设计相结合

绿色建筑的建筑设计与结构设计是整个建筑设计过程中两个最重要的环节，对整个建筑物的外观效果、结构稳定等起着至关重要的作用。但是，在实际设计中，少数建筑设计师把结构设计摆在从属地位，并要求结构必须服从建筑，以建筑为主。虽然许多建筑设计师强调创作的美观、新颖、标新立异，强调创作的最大自由度，但是有些创新的建筑方案在结构上很不合理，甚至根本无法实现，这无疑给建筑结构的安全带来了隐患。

2.合理确定绿色建筑的设计安全度

结构设计安全度的高低是国家经济和资源状况、社会财富积累程度以及设计施工技术水平与材料质量水准的综合反映。具体来说，选择绿色建筑设计安全度要处理好其与工程直接造价、维修费用以及投资风险（包括生命及财产损失）之间的关系。显然，提高绿色建筑的设计安全度，绿色建筑的直接造价将有所提高，维修费用将减少，投资风险也将减少。如果降低绿色建筑的造价，则维修费用和投资风险都将提高。因此，确定绿色建筑的设计安全度就是在结构造价（包括维修费用在内）与结构风险之间权衡得失，寻求较优的选择。

总的来说，绿色建筑设计安全度的选择不仅涉及生命财产的损失，而且有时会产生严重的社会影响，对于某些结构来说，还会涉及国家的经济基础和技术经济政策。

3. 绿色建筑消防设施的设计

建筑消防设施设计是建筑设计中一个重要的组成部分，关系到人民生命财产安全，应该引起全社会的足够重视。下面根据《建筑设计防火规范》（2018 年版），简单介绍绿色建筑消防设施的一般规定。

（1）消防给水和消防设施的设置应根据建筑的用途及其重要性、火灾危险性、火灾特性和环境条件等因素综合确定。

（2）城镇（包括居住区、商业区、开发区、工业区等）应沿可通行消防车的街道设置市政消火栓系统。民用建筑、厂房、仓库、储罐（区）和堆场周围应设置室外消火栓系统。用于消防救援和消防车停靠的屋面上，应设置室外消火栓系统。需要注意的是，耐火等级不低于二级且建筑体积不大于 3000 m³ 的戊类厂房，居住区人数不超过 500 人且建筑层数不超过两层的居住区，可不设置室外消火栓系统。

（3）自动喷水灭火系统、水喷雾灭火系统、泡沫灭火系统和固定消防炮灭火系统等系统，以及超过 5 层的公共建筑、超过 4 层的厂房或仓库，其他高层建筑、超过 2 层或建筑面积大于 10000 m² 的地下建筑（室）的室内消火栓给水系统都应设置消防水泵接合器。

（4）甲、乙、丙类液体储罐（区）内的储罐应设置移动水枪或固定水冷却设施。高度大于 15 m 或单罐容积大于 2000 m³ 的甲、乙、丙类液体地上储罐，宜采用固定水冷却设施。

（5）总容积大于 50 m³ 或单罐容积大于 20 m³ 的液化石油气储罐（区）应设置固定水冷却设施，埋地的液化石油气储罐可不设置固定喷水冷却装置。总容积不大于 50 m³ 或单罐容积不大于 20 m³ 的液化石油气储罐（区），应设置移动式水枪。

（6）消防水泵房的设置应符合以下规定：单独建造的消防水泵房，其耐火等级不应低于二级；附设在建筑内的消防水泵房，不应设置在地下三层及以下或室内地面与室外出入口地坪高差大于 10 m 的地下楼层；疏散门应直通室外或安全出口。

（7）设置火灾自动报警系统和需要联动控制的消防设备的建筑（群）应设置消防控制室。消防控制室的设置应符合以下规定：单独建造的消防控制室，其耐火等级不应低于二级；附设在建筑内的消防控制室，宜设置在建筑内首层或地下一层，并宜布置在靠外墙部位；不应设置在电磁场干扰较强及其他可能影响消防控制设备正常工作的房间附近；疏散门应直通室外或安全出口；消防控制室内的设备构成及其对建筑消防设施的控制与显示功能以及向远程监控系统传输相关信息的功能，应符合规定。

（8）消防水泵房和消防控制室应采取防水淹的技术措施。

（9）设置在建筑内的防排烟风机应设置在不同的专用机房内。

（10）高层住宅建筑的公共部位和公共建筑内应设置灭火器，其他住宅建筑的公共部位宜设置灭火器。厂房、仓库、储罐（区）和堆场应设置灭火器。

（11）建筑外墙设置有玻璃幕墙或采用火灾时可能脱落的墙体装饰材料或构造时，供灭火救援用的水泵接合器、室外消火栓等室外消防设施，应设置在距离建筑外墙相对安全的位置或采取安全防护措施。

（12）设置在建筑室内外供人员操作或使用的消防设施，均应设置区别于环境的明显标志。

（13）有关消防系统及设施的设计，应符合规定。

二、绿色建筑耐久适用性的设计

耐久适用性是对绿色建筑工程最基本的要求之一。耐久性是材料抵抗自身和自然环境双重因素长期破坏作用的能力。绿色建筑的耐久性是指在正常运行维护和不需要进行大修的条件下，绿色建筑的使用寿命满足一定的设计使用年限要求，并且不发生严重的风化、老化、衰减、失真、腐蚀和锈蚀。适用性是指结构在正常使用条件下能满足预定使用功能要求的能力。绿色建筑的适用性是指在正常运行维护和不需要进行大修的条件下，绿色建筑的功能和工作性能满足建造时的设计年限的使用要求等。

（一）建筑材料的可循环使用设计

现代建筑是能源及材料消耗的重要组成部分，随着地球环境的日益恶化和资源日益减少，保持建筑材料的可持续发展，提高建筑资源的综合利用率已成为社会普遍关注的课题。欧美发达国家对建筑材料资源的保护与可循环利用问题意识较早，已开展了大量的研究与广泛的实践，如传统建筑材料的可循环利用、一般废弃物在建筑中的可循环利用、新型可循环建筑材料的应用等，且大多数由政府主导，以"自上而下"的方式形成对建筑资源保护比较一致的社会认同。目前，我国对建筑材料资源可循环利用的研究取得了突破性成果，但仍存在技术及社会认同等方面的不足，在该领域与发达国家相比还存在差距。

环境质量的急剧恶化和不可再生资源的迅速减少，对人类的生存与发展构成了严重的威胁，可持续发展的思想和材料资源循环利用在这样的大背景下应运而生。近年来我国城市建设繁荣的背后暗藏着巨大的浪费，同时存在着材料资源短缺、循环利用率低的问题，因此，加强建筑材料的循环利用成为当务之急。特别是对传统的、量大面广的建筑材料，应强调进行生态环境化的替代和改造，如加强二次资源综合利用、提高材料的循环利用率等，必要时可以禁止采用瓷砖对大型建筑物进行外表面装修。

（二）充分利用尚可使用的旧建筑

充分利用尚可使用的旧建筑，有利于物尽其用、节约资源。尚可使用的旧建筑是指建筑质量能保证使用安全的旧建筑，或通过少量改造加固后能保证使用安全的旧建筑。对于旧建筑的利用，可以根据规划要求保留或改变其原有使用性质，并纳入规划建设项目。实践证明，充分利用尚可使用的旧建筑，不仅是节约建筑用地的重要措施之一，还是防止乱拆乱建的前提。

（三）绿色建筑的适应性设计

绿色建筑在设计之初、使用过程中要适应人们陆续提出的使用需求。具体而言，保证绿色建筑的适应性，要做到以下两个方面：一是保证建筑的使用功能并不与建筑形式形成不可拆分的联系，不会因为丧失建筑原功能而使建筑被废弃；二是不断运用新技术、新能源改造建筑，使之能不断地满足人们生活的新需求。

第三节 节约环保性与自然和谐性

一、绿色建筑节约环保性的设计

我国提出了坚持节约资源和保护环境的基本国策，这充分体现了我国对节约资源和保护生态环境的认识已升华到新的高度，并赋予了其新的思想内涵。近年来的实践证明，节约环保是绿色建筑设计必不可少的要素之一。下面从建筑用地、建筑节能、建筑用水、建筑材料四个方面出发，研究绿色建筑节约环保性的设计。

（一）建筑用地节约设计

土地是关系国计民生的重要战略资源，耕地是广大农民赖以生存的基础。我国虽然土地资源总量丰富，但人均土地资源较少，随着经济的发展和人口的增加，人均土地资源缺少的形势将越来越严峻。城市住宅建设不可避免地会占用大量土地，使得土地问题成为城市发展的制约因素。如何在城市建设设计中贯彻节约用地理念，采取什么样的措施来实现节约用地，是摆在每个城市建设设计者面前的关键性问题。然而，这一问题在实际设计中经常被忽略或重视程度不够。

要想坚持城市建设的可持续发展，就必须加强对城市建设项目用地的科学管理，在项目的前期工作中采取各种有效措施对城市建设用地进行合理控制，这样不仅有利于城市建设的全面发展，加快城市化建设步伐，而且具有实现全社会全面、协调、可持续发展的深远意义。

（二）建筑节能设计

首先，就减少建筑本身能量的散失而言，绿色建筑要采用高效、经济的保温材料和先进的构造技术，以有效提高建筑围护结构的整体保温、密闭性能；其次，为了保证良好的室内卫生条件，绿色建筑既要有较好的通风，又要设计配备能量回收系统。下面主要从外窗、遮阳系统、外围护墙及节能新风系统四个方面介绍绿色建筑节能体系的设计。

1. 外窗节能设计

绿色建筑可以将窗户设计为一种得热构件，利用太阳能改善室内热舒适，从而达到节能的效果。这样一来，具有外窗节能设计的绿色建筑在冬季就可以通过采光将太阳发出的大量光能引入室内，不仅能使室内具有充足的光线，还能提高室内的温度，为用户提供舒适、健康的室内环境，提高用户的生活质量。

2. 遮阳系统设计

遮阳从古至今一直是建筑物的重要组成部分，特别是在 21 世纪，玻璃幕墙成为主流建筑的亮丽外衣。由于玻璃表面换热性强、热透射率高，对室内热条件有极大的影响，遮阳特别是外遮阳所起到的节能作用显得越来越突出。建筑遮阳与建筑所在地理位置的气候和日照状况密不可分，日照变化和温差变化的存在，使建筑室内在午间需要遮阳，而早晚需要接受阳光照射。

在所有的被动式节能措施中，建筑遮阳也许是最为立竿见影的方法。传统的建筑遮阳构造一般都安装在侧窗、屋顶天窗、中庭玻璃顶，类型有平板式遮阳板、布幔、格栅、绿化植被等。随着建筑的发展以及幕墙产品的更新换代，外遮阳系统也在功能和外观上不断地创新，从形式上可以分为水平式遮阳、垂直式遮阳、综合式遮阳和挡板式遮阳四类。

3. 外围护墙设计

建筑外围护墙是绿色建筑的重要组成部分之一，它不仅对建筑有支撑和围护的作用，还发挥着隔绝外界冷热空气、保证室内气温稳定的作用。因此，建筑外围护墙体对于建筑的节能发挥着重要的作用。绿色建筑越来越多地深入社会生活的各个方面，从建筑设计本身考虑，建筑形态，建筑方位，空间的设计，建筑外表面材料的种类、材料构造、材料色彩等，是目前绿色建筑设计研究的主要内容。其中，建筑外围护结构保温和隔热设计是节能设计的重点，也是节能设计中最有效的、最适合我国普遍采用的方法。

4. 节能新风系统

在绿色建筑中，外窗具有良好的呼吸与隔热作用，外围护结构具有良好的密封性和保温性，因此人为设计室内新风和污浊空气的走向成为衡量建筑舒适性必须考虑的问题。目前，比较流行的下送上排式的节能新风系统能较好地解决这个问题。新风系统是根据在密闭的室内一侧用专用设备向室内送新风，再从另一侧由专用设备向室外排出，在室内会形成"新风流动场"的原理，从而满足室内新风换气的需要。

新风系统由风机、进风口、排风口及各种管道和接头组成。安装在吊顶内的风机通过管道与一系列的排风口相连。风机启动后，室内形成负压，室内受污染的空气经排风口及风机排往室外，同时室外新鲜空气经安装在窗框上方（窗框与墙体之间）的进风口进入室内，从而使室内人员呼吸到高品质的新鲜空气。

（三）建筑用水节约设计

雨水利用是城市水资源利用中重要的节水措施，具有保护城市生态环境和增进社会经济效益等多方面的意义。绿色建筑应充分利用生活用水，如净水器产生的废水可以经由管路到洗手间，要么用来拖地，要么用来冲厕所。

（四）建筑材料节约设计

有关资料显示，每年我国生产的多种建筑材料不仅要消耗大量能源和资源，还要排放大量二氧化硫和二氧化碳等有害气体和各类粉尘。目前，在我国多数城市建设中，建筑垃圾处理问题、资源循环利用问题、资源短缺问题、大拆大建问题等非常严重，建筑使用寿命低的问题也十分突出。对此，比较成功的节约建材的经验是合理采用地方性建筑材料、应用新型可循环建筑材料、实现废弃材料的资源化利用等。

二、绿色建筑自然和谐性的设计

近年来，绿色建筑由于节能减排、可持续发展、与自然和谐共生的卓越特性，得到了各国政府的大力推广，为世界贡献了一座座经典的建筑作品，其中很多都已成为著名的旅游景点，向世人展示了绿色建筑的魅力。

随着社会的发展，人与自然从统一走向对立，由此造成了生态危机。因此，要想实现人与自然的和谐发展，必须正视自然的价值，理解自然，改变人们的发展观，逐步完善有利于人与自然和谐发展的生态制度，构建美好的生态文化。此外，人类为了永续自身的可持续发展，就必须使其各种活动，包括建筑活动及其产物与自然和谐共生。

第四节　低耗高效性与文明性

一、绿色建筑低耗高效性的设计

所谓建筑能耗，国内外习惯上理解为使用能耗，即建筑物使用过程中用于供暖、通风、空调、照明、家用电器、输送、动力、烹饪、给排水等的能耗。合理利用能源、提高能源利用率、节约建筑能源是我国的基本国策。对于绿色建筑的低耗高效性设计，可以采取以下技术措施：

（一）确定绿色建筑的合理建筑朝向

在确定建筑朝向时，应当考虑以下几个因素：一要有利于日照、天然采光、自然通风；二要避免环境噪声、视线干扰；三要与周围环境相协调，有利于取得较好的景观朝向。

（二）设计有利于节能的建筑平面和体形

建筑设计的节能意义包括在设计建筑方案时遵循建筑节能思想，使建筑方案中蕴含节能的意识和理念。其中建筑体形和平面形状特征设计的节能效应是重要的控制对象，是绿色建筑节能的有效途径。

（三）重视建筑用能系统和设备优化选择

为使绿色建筑达到低耗高效的要求，必须对所有用能系统和设备进行节能设计和选择，这是绿色建筑实现节能的关键和基础。例如，对于集中采暖或使用空调系统的住宅，冷、热水（风）要靠水泵和风机才能输送到用户。如果水泵和风机选型不当，不仅不能满足供暖的功能要求，还会消耗大量的能源用于采暖。

（四）重视建筑日照调节和建筑照明节能

随着人类对能源可持续使用理念的日趋重视，如何使用尽可能少的能源获得最佳的使用效果已成为各个能源使用领域越来越关注的问题。照明是人类使用能源最多的领域之一，如何在这一领域实现使用最少的能源而获得最佳的照明效果无疑是一个具有重要理论意义和应用价值的课题。于是，绿色照明的概念在此基础上被人们提出来，并成为照明设计领域十分重要的研究课题。

现行的照明设计主要考虑被照面上照度、眩光、均匀度、阴影、稳定性和闪烁等照明技术问题。健康照明设计不仅要考虑这些问题，还要处理好紫外辐射、光谱组成、光色、色温等对人的生理和心理的作用。为了实现健康照明，绿色建筑设计师除了要研究健康照明设计方法和尽可能做到技术与艺术的统一以外，还要研究健康照明的概念、原理，并且充分利用现代科学技术的新成果，不断研究高品质新光源，开发采光和照明新材料、新系统，充分利用天然光，实现资源利用的低耗高效。

（五）物业公司采取严格的运营管理措施

在绿色建筑日常的运行过程中，要想实现建筑资源利用低耗高效的目标，必须采取严格的管理措施，这是绿色建筑资源利用低耗高效的制度保障。物业管理公司是专门从事地上永久性建筑物、附属设备、各项设施及相关场地和周围环境的专业化管理的，为业主和非业主使用人员提供良好的生活或工作环境的，是具有独立法人资格的经济实体。物业管理公司在实现绿色建筑资源利用低耗高效性方面，应根据所管理范围的实际情况，提交节能、节水、节地、节材与绿化管理制度，并说明实施效果。在一般情况下，资源利用低耗高效的管理制度主要包括：业主和物业共同制定节能管理模式；分户、分类地进行计量与收费；建立物业内部的节能管理机制；采用节能指标达到设计要求的措施等。

二、绿色建筑文明性的设计

21世纪是呼唤绿色文明的世纪。绿色文明包括绿色生产、绿色生活、绿色工作、绿色消费等，其本质是一种社会需求。这种需求是全面的，不是单一的。一方面，它要在自然生态系统中获得物质和能量；另一方面，它要满足人类持久的自身的生理、生活和精神消费的生态需求与文化需求。因此，绿色建筑的文明性设计应通过保护生态环境和利用绿色能源来实现。

（一）保护生态环境

保护生态环境是人类有意识地保护自然生态资源并使其得到合理利用，防止自然生态环境受到污染和破坏；同时，对受到污染和破坏的生态环境做好综合治理，以创造出适合人类生活、工作的生态环境。生态环境保护是指人类为解决现实的或潜在的生态环境问题，协调人类与生态环境的关系，保障经济社会的持续发展而采取的各种行动的总称。

改革开放以来，政府越来越重视生态环境的保护，并采取一系列措施进行保护和改善，一些地区的生态环境明显好转，主要表现在：实施了植树造林、防治沙漠化、水土保持、国土整治、草原建设、天然林资源保护等一系列保护措施；逐步完善了环境保护的法制建设，并取得了一定的成绩。总之，保护生态环境已经成为中国社会发展的新理念，成为中国特色社会主义现代化建设进程中的关键影响因素。

（二）利用绿色能源

绿色能源也称为清洁能源，是环境保护和良好生态系统的象征和代名词，它具有狭义和广义两方面的含义。狭义的绿色能源是指可再生能源，如水能、生物能、太阳能、风能、地热能、海洋能等，这些能源消耗之后可以恢复补充，很少产生污染。广义的绿色能源是指在能源的生产及其消费过程中，对生态环境低污染或无污染的所有能源，既包括可再生能源，如太阳能、风能、水能、生物质能、海洋能等，又包括应用科技变废为宝的能源，如秸秆、垃圾等新型能源，还包括绿色植物提供的燃料，如天然气、清洁煤和核能等。

这里以地源热泵为例介绍绿色建筑中应用的绿色能源。地源热泵是利用地球表面浅层水源（如地下水、河流和湖泊）和土壤源中吸收的太阳能和地热能，并采用热泵原理，由水源热泵机组、地能采集系统、室内系统和控制系统组成的，既可供热又可制冷的高效节能空调系统。如今，在绿色建筑中应用的绿色能源地源热泵，大多可以成功利用地下水、江河湖水、水库水、海水、城市中水、工业尾水、坑道水等各类水资源以及土壤源作为地源热泵的冷、热源。

第五节 综合整体创新设计

绿色建筑综合整体创新设计是指将建筑科技创新、建筑概念创新、建筑材料创新与周边环境结合在一起进行设计。绿色建筑综合整体创新设计的重点在于，在可持续发展的前提下，利用科学技术使建筑在满足人类日益发展的使用需求的同时，与环境和谐共处。具体而言，绿色建筑综合整体创新设计包括基于环境的创新设计、基于文化的创新设计和基于科技的创新设计，从而得出了以下结论。

一、基于环境的创新设计

理想的建筑应该与自然相协调，成为自然环境中的一个有机组成部分。对于某个环境而言，无论以建筑为主体，还是以景观为主体，只有两者完美协调才能形成令人愉快、舒适的外部空间。为了达到这一目的，建筑设计师与景观设计师进行了大量的、创造性的构思与实践，从不同的角度、不同的侧面和不同的层次对建筑与环境之间的关系进行了研究与探讨，从而得出了以下结论。

第一，建筑与环境之间良好关系的形成不仅需要有明确、合理的目的，而且有赖于科学的方法论与建筑实践的完美组合。建筑实践是一个受各种因素影响与制约的烦琐、复杂的过程。在设计的初期阶段，能否处理好建筑与环境之间的关系将直接影响建筑环境的实现。实际上，建筑与其周围环境有着千丝万缕的联系，这种联系也许是协调的，也许是对立的。它可能反映在建筑的结构、材料、色彩上，也可能通过建筑的形态特征表现出其所处环境的历史、文脉和源流。

第二，建筑自身的形态及构成直接影响着其周围的环境。如果建筑的外表或形态不能够恰当地表现其所在地域的文化特征或者与周围环境发生严重的冲突，那么它就很难与自然保持良好的协调关系。需要注意的是，建筑与环境相协调并不意味着建筑必须被动地屈从于自然、与周围环境保持妥协的关系。有时，建筑的形态会与所在的环境处于某种对立的状态，但是这种对立并非从根本上对其周围环境加以否定，而是通过与局部环境之间形成的对立，在更高的层次上达到与环境整体更加完美的和谐。

总的来说，建筑环境的创新设计就是要求建筑设计师通过类比的手法，把主体建筑设计与环境景观设计有机地结合在一起，将环境景观元素渗透到建筑形体和建筑空间中，以动态的建筑空间和形式、模糊边界的手法，形成功能交织、有机相连的整体，从而实现空间的持续变化和形态交集，使建筑物和城市景观融为一体。

二、基于文化的创新设计

中国传统文化对我国建筑设计具有潜移默化的影响，但是现阶段由于一些错误思想的冲击，传统文化在建筑设计中的运用需要进一步创新发展。

改革开放以后，中国传统文化逐渐受到外来文化的冲击，建筑行业受外来文化和市场经济发展的影响，逐渐开始忽视中国传统建筑文化，盲目崇拜欧式的建筑设计风格，导致很多城市出现了一些与本地区建筑风格完全不同的建筑物，破坏了原先城市建筑物的整体性。为此，相关部门有必要对中国传统建筑风格进行分析研究，以促进中国传统文化在建筑设计中的创新和发展，不断设计出具有中国特色的建筑。

现代建筑的混沌理论认为，自然不仅是人类生存的物质空间环境，更是人类精神依托之所在。对于自然地貌的理解，由于地域文化的不同而显示出极大的不同，从而造就了众多风格各异的建筑形态和空间，让人们在品味中联想到当地的文化传统与艺术特色。由此可见，要想设计展示具有独特文化底蕴的观演建筑，离不开地域文化原创性这一精神原点。它可以引发人们在不同文化背景下的共鸣，引导人们参与其中，获得独特的文化体验。

三、基于科技的设计创新

当今时代，人类社会步入了一个科技创新不断涌现的重要时期，也步入了一个经济结构加快调整的重要时期。持续不断的新科技革命及其带来的科学技术的重大发现发明和广泛应用，推动世界范围内生产力、生产方式、生活方式和经济社会发展观发生了前所未有的深刻变革，也引起全球生产要素流动和产业转移加快，经济格局、利益格局和安全格局发生了前所未有的重大变化。

自 20 世纪 80 年代以来，我国建筑行业技术的发展经历了探索阶段、推广阶段和成熟阶段。但是，与国际先进技术相比，我国在建筑设计的科技创新方面仍存在着许多问题，造成这些问题的原因是多方面的，我国建筑业只有采取各种有效措施，不断加强建筑设计的科技创新，才能增强自身的竞争力。

（一）住宅智能化

绿色住宅建筑的智能化系统是指，通过智能化系统的参与，实现高效的管理与优质的服务，为住户提供一个安全、舒适、便利的居住环境，同时最大限度地保护环境、节约资源（节能、节水、节地、节材）和减少污染。居住小区智能化系统由安全防范系统、管理与监控系统、信息网络系统和智能型产品组成。

居住小区智能化系统是通过电话线、有线电视网、现场总线、综合布线系统、宽带光纤接入网等组成的信息传输通道，安装智能产品，组成各种应用系统，为住户、物业服务公司提供各类服务平台。

管理与监控系统由以下五个功能模块组成：自动抄表装置、车辆出入与停车管理装置、紧急广播与背景音乐、物业服务计算机系统、设备监控装置。

通信网络系统由以下五个功能模块组成：电话网、有线电视网、宽带接入网、控制网、家庭网。

智能型产品由以下六个功能模块组成：节能技术与产品、节水技术与产品、通风智能技术、新能源利用的智能技术、垃圾收集与处理的智能技术、提高舒适度的智能技术。

绿色住宅建筑智能化系统的硬件较多，主要包括信息网络、计算机系统、智能型产品、公共设备、门禁、IC卡、计量仪表和电子器材等。系统硬件首先应具备实用性和可靠性，应优先选择适用、成熟、标准化程度高的产品。这个理由是十分明显的，因为居住小区涉及几百户甚至上千户住户的日常生活。另外，由于智能化系统施工中隐蔽工程较多，有些预埋产品不易更换。小区内居住有不同年龄、不同文化程度的居民，因此，要求操作尽量简便，具有较高的适用性。

智能化系统中的硬件应考虑先进性，特别是建设档次较高的系统，其中涉及计算机、网络、通信等的部分属于高新技术，发展速度很快，因此，必须考虑先进性，避免短期内因选用的技术陈旧，造成整个系统性能不高，不能满足发展而过早淘汰。另外，从住户使用角度来看，要求能按菜单方式提供功能，这要求硬件系统具有可扩充性。从智能化系统总体来看，由于住户使用系统的数量及程度的不确定性，要求系统可升级，具有开发性，提供标准接口，可根据用户实际要求对系统进行拓展或升级。所选产品具有兼容性也很重要，系统设备优先选择按国际标准或国内标准生产的产品，便于今后更新和日常维护。系统软件是智能化系统中的核心，其功能好坏直接关系整个系统的运行。居住小区智能化系统软件主要是指应用软件、实时监控软件、网络版与单机版操作系统等，其中最为关键的是居住小区物业服务软件。对软件的要求是：应具有高可靠性和安全性；软件人机界面图形化，采用多媒体技术，使系统具有处理声音及图像的功能；软件应符合标准，便于升级和更多地支持硬件产品；软件应具有可扩充性。

（二）安全防范

安全防范子系统是通过在小区周界、重点部位与住户室内安装安全防范装置，并由小区物业服务中心统一管理，来提高小区安全防范水平。它主要有住宅报警装置、访客对讲装置、周界防越报警装置、视频监控装置、电子巡更装置等。

1. 住宅报警装置

住户室内安装家庭紧急求助报警装置。家里有人得了急病、发现了漏水或其他意外情况，可按紧急求助报警按钮，小区物业服务中心立即收到此信号，速来处理。物业服务中心还应实时记录报警事件。

依据实际需要还可安装户门防盗报警装置、阳台外窗安装防盗报警装置、厨房内安装燃气泄漏自动报警装置等。有的还可做到一旦家里进了小偷，报警装置会立刻打手机通知你。

2. 访客可视对讲装置

家里来了客人，只要在楼道入口处，甚至于小区出入口处按一下访客可视对讲室外主机按钮，主人通过访客可视对讲室内机，在家里就可看到或听到谁来了，便可开启楼宇防盗门。

3. 周界防越报警装置

周界防范应遵循以阻挡为主、报警为辅的思路，把入侵者阻挡在周界外，让入侵者知难而退。为预防安全事故发生，应主动出击，争取有利的时间，把一切不利于安全的因素控制在萌芽状态，确保防护场所的安全和减少不必要的经济损失。

小区周界设置越界探测装置，一旦有人入侵，小区物业服务中心立即发现非法越界者，并进行处理，还能实时显示报警地点和报警时间，自动记录与保存报警信息。物业服务中心还可采用电子地图指示报警区域，并配置声、光提示。

4. 视频监控装置

根据小区安全防范管理的需要，对小区的主要出入口及重要公共部位安装摄像机，也就是"电子眼"，直接观看被监视场所的一切情况。可以把被监视场所的图像、声音同时传送到物业服务中心，使被监控场所的情况一目了然。物业服务中心通过遥控摄像机及其辅助设备，对摄像机云台及镜头进行控制；可自动或手动切换系统图像；并实现对多个被监视画面长时间的连续记录，从而为日后对曾出现过的一些情况进行分析，为破案提供极大的方便。

同时，视频监控装置还可以与防盗报警等其他安全技术防范装置联动运行，使防范能力更加强大。特别是近年来，数字化技术及计算机图像处理技术的发展，使视频监控装置在实现自动跟踪、实时处理等方面有了更长足的发展，从而使视频监控装置在整个安全技术防范体系中具有举足轻重的地位。

5. 电子巡更系统

随着社会的发展和科技的进步，人们的安全意识也在逐渐提高。以前的巡逻主要靠员工的自觉性，巡逻人员在巡逻的地点上定时签到，但是这种方法又不能避免一次多签，从而形同虚设。电子巡更系统有效地防止了人员对巡更工作不负责的情况，有利于进行有效、公平合理的监督管理。

电子巡更系统分在线式、离线式和无线式三大类。在线式和无线式电子巡更系统是在监控室就可以看到巡更人员所在巡逻路线及到达的巡更点的时间，其中无线式可简化布线，适用于范围较大的场所。离线式电子巡更系统是指巡逻人员手持巡更棒，到每一个巡更打点器，采集信息后，回物业服务中心将信息传输给计算机，就可以显示整个巡逻过程。相比于在线式电子巡更系统，离线式电子巡更系统的缺点是不能实时管理，优点是无须布线、安装简单。

（三）智能型产品与技术

智能型产品是以智能技术为支撑，提高绿色建筑性能的系统与技术。节能控制系统与产品有集中空调节能控制技术、热能耗分户计量技术、智能采光照明产品、公共照明节能控制、地下车库自动照明控制、隐蔽式外窗遮阳百叶、空调新风量与热量交换控制技术等。

节水控制系统与产品有水循环再生系统、给排水集成控制系统、水资源消耗自动统计与管理、中水雨水利用综合控制等。

利用可再生能源的智能系统与产品有地热能协同控制、太阳能发电产品等。室内环境综合控制系统与产品有室内环境监控技术、通风智能技术、高效的防噪声系统、垃圾收集与处理的智能技术。

（四）利用智能技术实现节能、节水、节材

1. 传感器

实现节能、节水、节材的智能技术都离不开传感器，传感器在运营管理中发挥着很大的作用。传感器就像人的感觉器官一样，能够感应需测量的内容，并按照一定的规律转换成可输出信号。传感器通常由敏感元件和转换元件组成。现在很多楼道内安了声控灯，夜晚有人走动时，发出声响，灯就能自动开启，这是由于灯内安装了声传感器；燃气泄漏报警装置是靠燃气检测传感器发出信号而工作的；电冰箱、空调机控制温度是靠温度传感器工作。

2. 采用直接数字控制

直接数字控制（DDC）技术在智能化中已广泛采用。计算机速度快，且都具有分时处理功能，因此能直接对多个对象进行控制。在 DDC 系统中，计算机的输出可以直接作用于控制对象，DDC 已成为各种建筑环境控制的通用模式。过去采用继电器等元件控制方式，随着 DDC 技术的发展已由计算机控制所取代。如采用 DDC 系统对建筑物空调设备进行控制管理，可以有效改善系统的运行品质，节能，提高管理水平。控制点的多少是 DDC 的重要指标，控制点越多，表明其控制功能越强，可控制和管理的范围越大。在实际工程中应根据被控对象的要求去选择 DDC 控制器的点数。

3. 采用变频技术

采用变频技术具有很高的节能空间，这一点已达成共识。目前许多国家均已规定流量压力控制必须采用变频调速装置取代传统方式，我国国家能源法也明确规定风机泵类负载应该采用电力电子调速。

变频技术的核心部件是变频器。变频器是利用半导体器件开与关的作用将电网电压 50Hz 变换为另一频率的电能控制装置。以空调机为例来说明其工作原理：夏天当室内温度升高，大于设定值时，变频器输出频率增大，电动机转速升高，使室内温度降低；室内温度低于设定值时，调节器输出减小，使变频器输出频率减小，电动机转速降低，从而使室内温度始终在设定值附近波动。采用这种方式节能，是因为风机、泵类的输出功率 $P=kN^3$（N 为转速），即风机、泵类的输出功率与转速的 N^3 成正比。如果空调压缩机的转速是由供电电网的 50Hz 频率决定的，那么，在这种条件下工作的空调称为定频空调。使用定频空调，要调整室内的温度，只能依靠其不断地"开、关"压缩机来实现。一开一停之间容易造成室温忽冷忽热，并消耗较多电能。而变频空调这种工作方式，不仅室温波动小，舒适度提高了，而且省电。一般来说，变频空调比同等规格的定频空调节能 35%。

我国的电动机用电量占全国发电量的 60%~70%，风机、水泵设备年耗电量占全国电力消耗的 1/3。因此，通过变频调速器来调节流量、风量，应用变频器节电潜力非常大。随着自动化程度的提高，人们环保意识的加强，变频器将得到更广泛的应用。

第三章 不同建筑类型的绿色建筑设计方法

现如今，绿色的观念已经深入人心，绿色环保的生活方式已经成为人们内心的迫切需要，绿色建筑的理念已经渗透进人们工作和生活的环境中。对于建筑行业来说，更应该重视绿色建筑设计的理念，把该理念与实际的建筑施工相结合，减少建筑工程物资材料的损耗，减少施工过程对环境的污染。对于不同的建筑类型来说，绿色建筑的设计方法也各不相同。本章基于绿色建筑理念从居住建筑设计、医院建筑设计、办公建筑设计、酒店建筑设计、商业建筑设计以及体育建筑设计几个方面入手进行深入探讨。

第一节 绿色居住建筑设计

一、绿色居住建筑概述

（一）绿色居住建筑概念

绿色居住建筑强调以人为本以及与自然的和谐，实现持续高效地利用一切资源，追求最小的生态冲突和最佳的资源利用，满足节地、节水、节能、改善生态环境、减少环境污染、延长建筑寿命等要求，形成社会、经济、自然三者的可持续发展。

（二）绿色居住建筑特征

绿色居住建筑除应具备传统住宅遮风避雨、通风采光等基本功能外，还要具备协调环境、保护生态的特殊功能，在规划设计、营建方式、选材用料方面按区别于传统住宅的特定要求进行设计。因此，绿色住宅的建造应遵循生态学原理，体现可持续发展的原则。

（三）绿色居住建筑标准

根据建设部住宅产业化促进中心制定的有关绿色生态住宅小区的技术导则，衡量绿色住宅的质量一般有以下几条标准：

1. 在生理生态方面有广泛的开敞性。
2. 采用的是无害、无污、可以自然降解的环保型建筑材料。
3. 按生态经济开放式闭合循环的原理做无废无污的生态工程设计。
4. 有合理的立体绿化，能有利于保护、稳定周边地域的生态。

5. 利用清洁能源，降解住宅运转的能耗，提高自养水平。

6. 富有生态文化及艺术内涵。

《绿色建筑评价标准》对住宅建筑和公共建筑的室内环境质量分别提出了要求，特别是在住宅建筑标准中突出强调了有关室内环境的四项要求：采光、隔声、通风、室内空气质量。这都是与人们日常生活密切相关的。各大指标从低到高又分为三个级别：控制项、一般项和优选项。

二、居住建筑的用地规划设计

（一）用地规划应考虑的因素

居住区设计过程应综合考虑用地条件、套型、朝向、间距、绿地、层数与密度、布置方式、群体组合和空间环境等因素，来集约化使用土地，突出均好性、多样性和协调性。

1. 竖向控制

小区规划要结合地形地貌合理设计，尽可能保留基地形态和原有植被，减少土方工程量。地处山坡或高差较大基地的住宅，可采用垂直等高线等形式合理布局住宅，有效减少住宅日照间距，提高土地使用效率。小区内对外联系道路的高程应与城市道路标高相衔接。

2. 用地选择和密度控制

居住建筑用地应选择无地质灾害、无洪水淹没的安全地段；尽可能利用废地（荒地、坡地、不适宜耕种土地等），减少耕地占用；周边的空气、土壤、水体等，确保卫生安全。居住建筑用地应对人口毛密度、建筑面积毛密度（容积率）、绿地率等进行合理的控制，达到合理的设计标准。

3. 日照间距与朝向选择

（1）日照间距与方位选择原则

1）居住建筑间距应综合考虑地形、采光、通风、消防、防震、管线埋设、避免视线干扰等因素，以满足日照要求。

2）日照一般应通过与其正面相邻建筑的间距控制予以保证，并不应影响周边相邻地块，特别是未开发地块的合法权益（主要包括建筑高度、容积率、建筑物退让等）。

（2）居住建筑日照标准要求

各地的居住建筑日照标准应按国家及当地的有关规范、标准等要求执行，一般应满足：

1）当居住建筑为非正南北朝向时，住宅正面间距应按地方城市规划行政主管部门确定的不同方位的间距折减系数换算。

2）应充分利用地形地貌的变化所产生的场地高差、条式与点式住宅建筑的形体组合，以及住宅建筑高度的高低搭配等，合理进行住宅布置，有效控制居住建筑间距，提高土地使用效率。

（3）住宅小区最大日照设计方式

1）选择楼栋的最佳朝向，如南京地区为南偏西5°至南偏东30°。

2）保证每户的南向面宽。

3）用动态方法确定最优的日照条件。

4. 地下与半地下空间利用

地下或半地下空间的利用与地面建筑、人防工程、地下交通、管网及其他地下构筑物应统筹规划、合理安排；同一街区内，公共建筑的地下或半地下空间应按规划进行互通设计；充分利用地下或半地下空间，做地下或半地下机动停车库（或用作设备用房等），地下或半地下机动停车位需达到整个小区停车位的80%以上。应注意以下几点：

（1）配建的自行车库，宜采用地下或半地下形式。

（2）部分公共建筑（服务、健身娱乐、环卫等），宜利用地下或半地下空间。

（3）地下空间结合具体的停车数量要求、设备用房特点、机械式停车库、工程地质条件以及成本控制等因素，考虑设置单层或多层地下室。

5. 公共服务配套设施控制

（1）城市新建居住区应按国家和地方城市规划行政主管部门的规定，同步安排教育、医疗卫生、文化体育、商业服务、金融邮电、社区服务、市政公用和行政管理等公共服务设施用地，为居民提供必要的公共活动空间。

（2）居住区公共服务设施的配建水平，必须与居住人口规模相对应，并与住宅同步规划、同步建设、同时投入使用。

（3）社区中心宜采用综合体的形式集中布置，形成中心用地。

6. 空间布局和环境景观设计

（1）居住区的规划与设计，应综合考虑路网结构、群体组合、公共建筑与住宅布局、绿地系统及空间环境等的内在联系，构成一个既完善又相对独立的有机整体。

（2）合理组织人流、车流，小区内的供电、给排水、燃气、供热、通信、路灯等管线，宜结合小区道路构架进行地下埋设。配建公共服务设施及与居住人口规模相对应的公共服务活动中心，以方便经营、使用和社会化服务。

（3）绿化景观设计注重景观和空间的完整性，应做到集中与分散结合、观赏与实用结合，环境设计应为邻里交往创造不同层次的交往空间。

（二）居住建筑的节地设计

1. 适应本地区的气候条件

（1）居住建筑应具有地方特色和个性、识别性，造型简洁，尺度适宜，色彩明快。

（2）住宅建筑应积极有效利用太阳能，配置太阳能热水器设施时，宜采用集中式热水器配置系统。太阳能集热板与屋面坡度应在建筑设计中一体化考虑，以有效降低占地面积。

2. 住宅单体设计规整、经济

（1）住宅电梯井道、设备管井、楼梯间等要选择合理尺寸，紧凑布置，不宜突出住宅主体外墙过大。

（2）住宅设计应选择合理的住宅单元面宽和进深，户均面宽值不宜大于户均面积值的1/10。

3.套型功能合理，功能空间紧凑

（1）套型功能的增量，除适宜的面积外，尚应包括功能空间的细化和设备的配置质量，与日益提高的生活质量和现代生活方式相适应。

（2）住宅套型平面应根据建筑的使用性质、功能、工艺要求合理布局；套内功能分区要符合公私分离、动静分离、洁污分离的要求；功能空间关系紧凑，并能得到充分利用。

三、绿色居住建筑节能与能源利用

（一）给排水节能系统

通过调查收集和掌握准确的市政供水水压、水量及供水可靠性的资料，根据用水设备、用水卫生器具和水嘴的最低工作压力要求，确定直接利用市政供水的层数。

1.小区生活给水加压技术

对市政自来水无法直接供给的用户，可采用集中变频加压、分户计量的方式供水。小区生活给水加压系统有以下三种供水技术："水池＋水泵变频加压"；"管网叠压＋水泵变频加压"；变频射流辅助加压。为避免用户直接从管网抽水造成管网压力波动过大，有些城市供水管理部门仅认可"水池＋水泵变频加压"和"变频射流辅助加压"两种供水技术。通常情况下，可采用"变频射流辅助加压"供水技术。

（1）水池＋水泵变频加压系统

当城市管网的水压不能满足用户的供水压力时，就必须用泵加压。通常，通过市政给水管，经浮球阀向贮水池注水，用水泵从贮水池抽水经变频加压后向用户供水。在此供水系统中虽然"水泵变频"可节约部分电能，但是不论城市管网水压有多大，在城市给水管网向贮水池补水的过程中，都白白浪费了城市给水管网的压能。

（2）变频射流辅助加压供水系统

其工作原理：当小区用水处于低谷时，市政给水通过射流装置既向水泵供水，又向水箱供水，水箱注满时进水浮球阀自动关闭，此时市政给水压力得到充分利用，且市政给水管网压力也不会产生变化；当小区用水处于高峰时，水箱中的水通过射流装置与市政给水共同向水泵供水，此时市政给水压力仅利用50%~70%，且市政给水管网压力变化很小。

2.高层建筑给水系统分区技术

给水系统分区设计中，应合理控制各用水点处的水压，在满足卫生器具给水配件额定流量要求的条件下，尽量取低值，以达到节水节能的目的。住宅入户管水表阀前的供水静压力不宜大于0.2MPa；水压大于0.3MPa的入户管，应设可调式减压阀。

（1）减压阀的选型

1）给水竖向分区，可采用比例式减压阀或可调式减压阀。

2）入户管或配水支管减压时，宜采用可调式减压阀。

3）比例式减压阀的减压比宜小于 4；可调式减压阀的阀前后压差不应大于 0.4MPa，要求安静的场所不应大于 0.3MPa。

（2）减压阀的设置

1）给水分区用减压阀应两组并联设置，不设旁通管；减压阀前应设控制阀、过滤器、压力表，阀后应设压力表、控制阀。

2）入户管上的分户支管减压阀，宜设在控制阀门之后、水表之前，阀后宜设压力表。

3）减压阀的设置部位应便于维修。

（二）建筑构造节能系统

1. 管道技术

（1）水管的敷设

1）排水管道：可敷设在架空地板内。

2）采暖管道、给水管道、生活热水管道：可敷设在架空地板内或吊顶内，也可局部墙内敷设。

（2）干式地暖的应用

干式地暖系统区别于传统的混凝土埋入式地板采暖系统，也称为预制轻薄型地板采暖系统，是由保温基板、塑料加热管、铝箔、龙骨和二次分集水器等组成的一体化薄板，板面厚度约为 12mm，加热管外径为 7mm。干式地暖系统具有温度提升快、施工工期短、楼板负载小、易于日后维修和改造等优点。干式地暖系统的构造做法主要有架空地板做法、直接铺的做法。

（3）新风管道的敷设

新风换气系统可提高室内空气品质，但会占用室内较多的吊顶空间，因此需要内装设计协调换气系统与吊顶位置、高度的关系，并充分考虑换气管线路径、所需换气量和墙体开口位置等，在保证换气效果的同时兼顾室内的美观精致。

2. 遮阳系统

（1）利用太阳照射角度综合考虑遮阳系数：居住建筑确定外遮阳系统的设置角度的因素有建筑物朝向及位置、太阳高度角和方位角，应选用木制平开、手动或电动、平移式、铝合金百叶遮阳技术。

（2）遮阳方式选择：低层住宅有条件时可以采用绿化遮阳；高层塔式建筑、主体朝向为东西向的住宅，其主要居住空间的西向外窗、东向外窗应设置活动外遮阳设施。窗内遮阳应选用具有热反射功能的窗帘和百叶；设计时选择透明度较低的白色或者反光表面材质，以降低其自身对室内环境的二次热辐射。内遮阳对改善室内舒适度，美化室内环境及保证室内的私密性均有一定的作用。

3. 墙体节能设计

（1）体形系数控制

建筑物、外围护结构、临空面的面积大会造成热能损失，故体形系数不应超过规范的规定值。减小建筑物体形系数的措施有：

1）使建筑平面布局紧凑，减少外墙凸凹变化，即减少外墙面的长度。

2）加大建筑物的进深。

3）增加建筑物的层数。

4）加大建筑物的体量。

（2）窗墙比控制

要充分利用自然采光，同时要控制窗墙比。居住建筑的窗墙比应以基本满足室内采光要求为原则。建筑窗墙比不宜超过规范的规定值。

（3）外墙保温

保温隔热材料轻质高强，具有保温隔热、隔声防水性能，外墙采用保温隔热材料，能够增强外围护结构抗气候变化的综合物理性能。

4. 门窗节能设计

（1）外门窗及玻璃选择

外门窗应选择优质的铝木复合窗、塑钢门窗、断桥式铝合金门窗及其他材料的保温门窗；外门窗玻璃应选择中空玻璃、隔热玻璃或 Low-E 玻璃等高效节能玻璃，其传热系数和遮阳系数应达到规定标准。

（2）门窗开启扇及门窗配套

密封材料在条件允许时尽量选用上、下悬或平开式开启，尽量避免选用推拉式开启；门窗配套密封材料应选择抗老化、高性能的门窗配套密封材料，以提高门窗的水密性和气密性。

5. 屋面节能设计

（1）屋面保温和隔热：屋面保温可采用板材、块材或整体现喷聚氨酯保温层；屋面隔热可采用架空、蓄水、种植等隔热层。

（2）种植屋面应根据地域、建筑环境等条件，选择适应的屋面构造形式。推广屋面绿色生态种植技术，在美化屋面的同时，利用植物遮蔽减少阳光对屋面的直晒。

6. 楼地面节能技术

楼地面的节能技术，可根据楼板的位置不同采用不同的节能技术。

（1）层间楼板（底面不接触室外空气），可采用保温层直接设置在楼板上表面或楼板底面的方式，也可采用铺设木龙骨（空铺）或无木龙骨的实铺木地板等方式。

（2）架空或外挑楼板（底面接触室外空气），宜采用外保温系统，接触土壤的房屋地面，也要做保温。

（3）底层地面，也应做保温。

（三）电气与设备节能系统

1. 智能控制技术

（1）智能化能源管理技术

此技术通过居住区智能控制系统与家庭智能交互式控制系统的有机组合，以可再生能源为主、传统能源为辅,将产能负荷与耗能负荷合理调配,以减少投入浪费,降低运行消耗,合理利用自然资源,保护生态环境,从而实现智能化控制、网络化管理、高效节能、公平结算的目标。

（2）建筑设备智能监控技术

采用计算机技术,网络通信技术对居住区内的电力、照明、空调通风、给排水、电梯等机电设备或系统进行集中监视、控制及管理,以保证这些设备安全可靠地运行。按照建筑设备类别和使用功能的不同,建筑设备智能监控系统可划分为:供配电设备监控子系统,照明设备监控子系统,电梯、暖通空调、给排水设备子系统,公共交通管理设备监控子系统等。

（3）变频控制技术

变频控制技术是运用技术手段来改变用电设备的供电频率,进而达到控制设备输出功率的目的的。变频传动调速的特点是不改动原有设备,实现无级调速,以满足传动机械要求;变频器具有软启、软停功能,可避免启动电流冲击对电网的不良影响,既可减少电源容量又可减少机械惯动量和机械损耗;不受电源频率的影响,可以开环、闭环;可手动或自动控制;在低速时,定转矩输出、低速过载能力较好;电机的功率因数随转速增高、功率增大而提高,使用效果较好。

2. 供配电节能技术

（1）供配电系统节能途径

居民住宅区供配电系统节能,主要通过降低供电线路、供电设备的损耗来实现。降低供电线路电能损耗的方式有合理选择变电所位置,正确确定线缆的路径、截面和敷设方式,采用集中或就地补偿的方式提高系统的功率等。降低供电设备的电能损耗即采用低能耗材料或工艺制成的节能环保的电气设备,对冰蓄冷等季节性负荷,采用专用变压器供电方式,以达到经济适用、高效节能的目的。

（2）供配电节能技术的类型

地埋式变电站应优先选用非晶体合金变压器。配电变压器的损耗分为空载损耗和负载损耗。居民住宅区一年四季、每日早中晚的负载率各不相同,故选用低空载损耗的配电变压器,具有较现实的节能意义。大型居民住宅区,推荐使用变电站计算机监控系统,通过计算机、通信网络监测建筑物和建筑群的高压供电、变压器、低压配电系统、备用发电机组的运行状态和故障报警,检测系统的电压、电流、有功功率、功率因数和电度数据等,实现供配电系统的遥测、遥调、遥控和遥信,为节能和安全运行提供实时信息和运行数据,减少变电站值班人员,实现无人值守,有效节约管理成本。

3. 供配电节能技术

（1）照明器具节能技术

1）选用高效照明器具。高效照明器具包括:第一,高效电光源,包括紧凑型荧光灯、细管型荧光灯、高压钠灯、金属卤化物灯等；第二，照明电器附件，包括电子镇流器、高效电感镇流器、高效反射灯罩等；第三，光源控制器件，包括调光装置、声控、光控、时控、感控等。延时开关通常分为触摸式、声控式和红外感应式等类型，在居住区内常用于走廊、楼道、地下室、洗手间等场所。

2）照明节能的具体措施。

第一，降低电压节能。即降低小区路灯的供电电压，达到节能的目的，降压后的线路末端电压不应低于198V，且路面应维持《道路照明标准》规定的照度和均匀度。

第二，降低功率节能。即在灯回路中多加一段或多段阻抗，以减小电流和功率，达到节能的目的。一般用于平均照度超过《道路照明标准》规定维持值的120%的期间和地段。采用变功率镇流器节能的，宜对变功率镇流器采取集中控制的方式。

第三，清洁灯具节能。清洁灯具可减少灯具污垢造成的光通量衰减，提高灯具效率的维持率，延长竣工初期节能的时间，起到节能的效果。

第四，双光源灯节能。即一个灯具内安装两只灯泡，下半夜保证照度不低于下一级维持值的前提下，关熄一只灯，实现节能。

（2）居住区景观照明节能技术

1）智能控制技术。采用光控、时控、程控等智能控制方式，对照明设施进行分区或分组集中控制，设置平日、假日、重大节日以及夜间不同时段的开、关灯控制模式，在满足夜景照明效果设计要求的同时，达到节能效果。

2）高效节能照明光源和灯具的应用。应优先选择通过认证的高效节能产品，鼓励使用绿色能源，如太阳能照明、风能照明等，积极推广高效照明光源产品，如金属卤化物灯、半导体发光二极管（LED）、TS/T5荧光灯、紧凑型荧光灯（CFL）等，配合使用光效和利用系数高的灯具，达到节能的目的。

（3）地下汽车库、自行车库等照明节电技术

1）光导管技术。光导管主要由采光罩、光导管和漫射器三部分组成，其通过采光罩高效采集自然光线，导入系统内重新分配，再经过特殊制作的光导管传输和强化后，由系统底部的漫射装置把自然光均匀高效地照射到任何需要光线的地方，从而得到由自然光带来的特殊照明效果。光导管是一种绿色、健康、环保、无能耗的照明产品。

2）棱镜组多次反射照明节电技术。该技术的原理是用一组传光棱镜，安装在车库的不同部位，并可相互接力，将集光器收集的太阳光传送到需要采光的部位。

3）车库照明自动控制技术。该技术采用红外、超声波探测器等，配合计算机自动控制系统，优化车库照明控制回路，在满足车库内基本照度的前提下，自动感知人员和车辆的行动，以满足灯开、关的数量和事先设定的照度要求，以期合理用电。

（4）绿色节能照明技术

1）LED照明技术（又称发光二极管照明技术）。它是利用固体半导体芯片做发光材料的技术。LED光源具有全固体、冷光源、寿命长、体积小、高光效、无频闪、耗电小、

响应快等优点，是新一代节能环保光源。但是，LED 灯具也存在很多缺点，如光通量较小、与自然光的色温有差距、价格较高。限于技术原因，大功率 LED 灯具的光衰很严重，半年的光衰可达到 50%。

2）电磁感应灯照明技术（又称无极放电灯）。此技术无电极，依据电磁感应和气体放电的基本原理而发光。其优点有：无灯丝和电极；具有 10 万小时的高使用寿命，免维护；显色性指数大于 80，宽色温从 2700K 到 6500K；具有 801m/w 的高光效；具有可靠的瞬间启动性能，同时低热量输出适用于道路、车库等照明。

（四）暖通空调节能系统

1. 住宅通风技术

（1）住宅通风设计的设计原则

应组织好室内外气流，提高通风换气的有效利用率；应避免厨房、卫生间的污浊空气，进入本套住房的居室；应避免厨房、卫生间的排气从室外又进入其他房间。

（2）住宅通风设计的具体措施

住宅通风采用自然通风与置换通风相结合的技术。住户平时换气采用自然通风，空调季节使用置换通风系统。

1）自然通风。这是一种利用自然能量改善室内热环境的简单通风方式，常用于夏季和过渡（春、秋）季建筑物室内通风、换气以及降温。有效利用风压来产生自然通风，首先要求建筑物有较理想的外部风速。为此，建筑设计应着重考虑建筑的朝向和间距、建筑群布局、建筑平面和剖面形式、开口的面积与位置、门窗装置的方法、通风的构造措施等。

2）置换通风。在建筑、工艺及装饰条件许可，且技术经济比较合理的情况下可设置置换通风。采用置换通风时，新鲜空气直接从房间底部送入人员活动区，从房间顶部排出室外。整个室内气流分层流动，在垂直方向上形成室内温度梯度和浓度梯度。置换通风应采用"可变新风比"的方案。

置换通风有以下两种方式：

①中央式通风系统。该系统是由新风主机、自平衡式排风口、进风口、通风管道网组成的一套独立的新风换气系统。它通过位于卫生间吊顶或储藏室内的新风主机彻底将室内的污浊空气持续从上部排出，新鲜空气经"过滤"由客厅、卧室、书房等处下部不间断送入，使密闭空间内的空气得到充分的更新。

②智能微循环式通风系统。该系统由进风口、排风口和风机三个部分组成。它通过将功能性区域（厨房、浴室、卫生间等）的排风口与风机相连，不断将室内污浊空气排出，利用负压由生活区域（客厅、餐厅、书房、健身房等）的进风口补充新风进入，并根据室内空气污染度、人员的活动和数量、湿度等自动调节通风量，不用人工操作。这样该系统就可以在排除室内污染的同时减少由通风引起的热量或冷量损失。

2. 采暖系统设计

寒冷地区的电力生产主要依靠火力发电，火力发电的平均热电转换效率约为33%，输配效率约为90%。采用电散热器、电暖风机、电热水炉等电热直接供暖，是能源的低效率应用。其效率远低于节能要求的燃煤、燃油或燃气锅炉供暖系统的能源综合效率，更低于热电联产供暖的能源综合效率。

（1）热媒输配系统设计

1）供水及回水干管的环路应均匀布置，各共用立管的负荷宜相近。

2）供水及回水干管优先设置在地下层空间，若住宅没有地下层，供水及回水干管可设置于半通行管沟内。

3）符合住宅平面布置和户外公共空间的特点。

4）一对立管可以仅连接每层一个户内系统，也可连接每层一个以上的户内系统。同一对立管宜连接负荷相近的户内系统。

5）除每层设置热媒集配装置连接各户的系统外，一对共用立管连接的户内系统，不宜多于40个。

6）采取防止垂直失调的措施，宜采用下分式双管系统。

7）共用立管接向户内系统分支管上，应设置具有锁闭和调节功能的阀门。

8）共用立管宜设置在户外，并与锁闭调节阀门和户用热量表组合设置于可锁封的管井或小室内。

9）户用热量表设置于户内时，锁闭调节阀门和热量显示装置应在户外设置。

10）下分式双管立管的顶点，应设集气和排气装置，下部应设泄水装置。氧化铁会对热计量装置的磁性元件形成不利影响，因此管径较小的供水及回水干管、共用立管宜采用热镀锌钢管螺纹连接方式。供回水干管和共用立管，至户内系统接点前，不论设置于任何空间，均应采用高效保温材料加强保温。

（2）户内采暖系统的节能设计

1）分户热计量的分户独立系统，应能确保居住者可自主实施分室温度的调节和控制。

2）双管式和放射双管式系统，每一组散热器上设置高阻手动调节阀或自力式两通恒温阀。

3）水平串联单管跨越式系统，每一组散热器上设置手动三通调节阀或自力式三通恒温阀。

4）地板辐射供暖系统的主要房间，应分别设置分支路。热媒集配装置的每一分支路，均应设置调节控制阀门，调节阀采用自动调节和手动调节均可。

5）当冬夏结合采用户式空调系统时，空调器的温控器应具备供冷与供暖的转换功能。

6）调节阀是频繁操作的部件，要选用耐用产品，确保能灵活调节和在频繁调节条件下无外漏。

3. 室内建筑节能设计指标

（1）冬季采暖室内热环境设计指标，应符合下列要求：卧室、起居室室内设计温度取16℃~18℃；换气次数取1.0次/h；人员经常活动范围内的风速不大于0.4m/s。

（2）夏季空调室内热环境设计指标，应符合下列要求：卧室、起居室室内设计温度取26℃~28℃；换气次数取 1.0 次 /h；人员经常活动范围内的风速不大于 0.5m/s。

（3）空调系统的新风量，不应大于 20m³/（h·人）。

（4）采用通过增强建筑围护结构保温隔热性能提高采暖、空调设备能效比的节能措施。

（5）在保证相同的室内热环境指标的前提下，与未采取节能措施前相比，居住建筑的采暖、空调能耗应节约 50%。

4. 住宅采暖与空调节能技术

在城市热网供热范围内，采暖热源应优先采用城市热网，有条件时宜采用"电、热、冷联供系统"。应积极利用可再生能源，如太阳能、地热能等。小区住宅地采暖、空调设备优先采用符合国家现行标准规定的节能型采暖、空调产品。小区装修房配套的采暖、空调设备为家用空气源热泵空调器，空调额定工况下能效比大于 2.3，采暖额定工况下能效比大于 1.9。一般情况下，小区普通住宅装修房配套分体式空气调节器，高级住宅及别墅装修房配套家用或商用中央空气调节器。

（1）居住建筑采暖、空调方式及其设备的选择，应根据当地资源情况，经技术经济分析以及用户设备运行费用的承担能力综合考虑确定。一般情况下，居住建筑采暖不宜采用直接电热式采暖设备；居住建筑采用分散式（户式）空气调节器（机）进行制冷/采暖时，其能效比、性能系数应符合国家现行有关标准中的规定值。

（2）空调器室外机的安放位置，在统一设计时，应有利于室外机夏季排放热量、冬季吸收热量，应防止对室内产生热污染及噪声污染。

（3）房间气流组织。空调安装的位置应尽可能使空调送出的冷风或暖风吹到室内每个角落，不直接吹向人体；对于复式住宅或别墅，回风口应布置在房间下部；空调回风通道应采用风管连接，不得用吊顶空间回风；空调房间均要有送、回风通道，杜绝只送不回或回风不畅；住宅卧室、起居室，应有良好的自然通风。当住宅设计条件受限制，不得已采用单朝向型住宅的情况下，应采取入户门上方通风窗、下方通风百叶或机械通风装置等有效措施，以保证卧室、起居室内良好的通风条件。

（4）置换通风系统。送风口设置高度 h<0.8m；出口风速宜控制在 0.2~0.3m/s；排风口应尽可能设置在室内最高处，回风口的位置不应高于排风口。

第二节　绿色医院建筑设计

一、绿色医院建筑概述

（一）绿色医院建筑的内涵

社会的发展对生态和人类生存环境的破坏，既危害健康、引发疾病，同时又促成了医院建设规模的不断扩大。绿色医院建筑正是在能源与环境危机和新医疗需求的双重作用下诞生的。绿色医院建筑是一个发展的概念，其内涵涉及绿色建筑思想与医院建筑设计的具体实践，内容十分宽泛而复杂。医院建筑是功能复杂、技术要求较高的建筑类型。绿色医院建筑的内涵具有复杂与多义的特征，只有全面正确地理解其内涵，才能在医院建设中贯彻绿色理念，使其具有可持续发展的生命力。

　　绿色医院建筑的内涵包括以下几个方面。首先是资源和能源的科学保护与利用，关注资源、节约能源的绿色思想，要求医院建筑不再局限于建筑的区域和单体，要更有利于全球生态环境的改善。建筑物在全寿命周期中应该最低限度地占有和消耗地球资源，最高效率地使用能源，最低限度地产生废弃物并最少排放有害环境的物质。其次是对自然环境的尊重和融合，创造良好的室内外空间环境，提高室内外空间环境质量，营造更接近自然的空间环境，运用阳光、清新空气、绿色植物等元素使之形成与自然共生、融入人居生态系统的健康医疗环境，满足人类医疗功能需求、心理需求。最后是建筑本体的生命力，包括使用功能的适应性与建筑空间的可变性，以适应现代医疗技术的更新和生命需求的变化，在较长的演进历程中可持续发展。新时期的绿色医院建筑要求其不仅能够维持短期的发展，还应该能够满足其长远的发展，为医院建筑注入动态健康的理念。

（二）我国绿色医院建筑发展历程

　　我国医院建筑的发展是伴随医疗技术和建筑技术的发展进程逐步走向绿色化的。中华医学具有悠久的历史，其崇尚自然、尊重生命的医疗模式对我国医院建筑的形态具有很大影响，其发展过程可根据医院建筑的历程演进分为以下四个时期。

1. 萌芽期

　　绿色生态思想在我国医院建筑的设计中古已有之，最早可以追溯到周朝，医疗功能多依赖于宗教建筑，以医传教。选址多在环境幽雅、空气清新，又可以就地取材的风水宝地。三国时期，相传有"行医不受报酬"，采取"以药换医""植树换医"的"杏林"模式医院，其环境接近自然山林，景色优美，利于疾病治疗，药物可就地取材，自然疗法，物尽其用，简易可行。这种模式可以看成医院建筑绿色化的早期实践，其中蕴含着绿色医疗环境及其可持续发展的哲理，体现了社会效益、经济效益、环境效益的协调统一。到了唐宋时期，医院进一步发展，并初具规模，宋朝京师开封拥有可容纳 300 人的医院。医院开始对环境和各类空间的功能有较为明确的划分，厅堂和廊庑相结合的庭院式模式构成了最初的布局。这种布局形式已经具有减少交叉感染、保证人的生理健康的朴素绿色思想。

2. 探索期

　　随着西方文化的入侵，以生物医学模式为基础的西医学随之引入，我国进入了近代医院的探索时期。由于功能的专业分科，医院大多采用分科、分栋的分散式布局形式，规模较小，建筑物大多是低层的小型建筑，如改造前的南京鼓楼医院，这时的医院建筑是低技术水平条件下医院功能的自然反映，其中也体现着注重洁污分区和利用自然通风采光的绿色思想。

3. 发展期

新中国成立后，我国开始把医疗卫生事业纳入国民经济和社会发展的计划中，医院建设进入发展时期。医院建筑规模不断扩大，建筑布局也逐渐摆脱了苏联中轴对称模式的影响，开始根据功能更加灵活地进行设计。这一时期医院建筑设计多数具有较为完整的总平面规划，布局开始趋于集中，主体建筑多呈"工"字形，如北京宣武医院、上海闵行医院和江苏省苏州市九龙医院，其中蕴含了加强功能部门间联系和节约土地的绿色思想。

4. 繁荣期

改革开放以来，我国的社会经济、科技文化和人民生活都发生了巨大的变化，同时我国的医院建设也迎来了大发展，在这个时期我国医院建筑绿色化的重点是进一步提高工作效率和环境品质。传统的"工"字形、"王"字形平面已经不能适应新时期的医疗需求。全国各地开始纷纷掀起以建造高层病房楼、医技综合楼为特征的老医院改扩建热潮，而且有些新建医院还不同程度地考虑了医院的空间应变性需要。近几年，与国外医疗机构的广泛交流开阔了人们的视野，我国新建的一批大规模综合医院越来越多地引入了国外先进设计理念，建筑形态开始呈现多样化的发展趋势。与此同时，医院建筑设计也开始注意能源节约，重视全球生态问题。另外，一些先进的工程技术也被越来越多地应用到医院建筑中：无障碍设计、医院的气源供应、生物洁净技术、视频音频通信、物流传输、动力设备、智能技术等，大大提高了医院的运作效率，也促进了医院环境的改善。由此可见，我国医院建筑绿色化进入了繁荣期。

二、绿色医院建筑设计原则与理念

（一）自然原则

绿色医院建筑是规模合理，运作高效，可持续发展的建筑。尊重环境，关注生态，与自然协调共存是其设计的基本点。绿色医院建筑要与建筑所在的自然条件和生态环境相协调，抛弃"人类中心论"的错误观念，将人和建筑看作自然环境的一部分。人们对待环境的态度由破坏变为尊重，由掠夺变为珍惜，由对立变为共存，只有这样，才能实现绿色医院建筑的可持续发展。绿色医院建筑设计的自然原则主要体现在以下几个方面。

1. 利用自然资源

合理利用自然，改变过去掠夺式开发和利用的方式，在不破坏自然的前提下适度地利用自然因素，为建筑创造良好的环境，如充分利用阳光、雨水、地热、自然风等自然条件为建筑服务。

2. 消除自然危害

自然界存在着种种不利于人类生存发展的因素，建筑最初的目的就是防寒蔽日，躲避野兽，减少自然中有害因素对人的影响。因此在营造人工环境时，必须注意制订相应有效的对策。在绿色医院建筑设计中也要注意防御自然中的不利因素，通过制订防灾规划和应急措施达到医院建筑的安全性保证；通过做好隔热、防寒，遮蔽直射日光等构造设施的设计等，满足建筑防寒、防潮、隔热、保暖等要求，营造宜人的生活环境。对于地域性特征的不利因素，最好的办法是参考当地原有的解决办法来实现最大的舒适性，因为这些解决办法是人们在长期与恶劣环境斗争的过程中形成的一些消耗能量最少、对自然界破坏最小的方法。

3. 营造自然共生

人类最初是生活在大自然中的一个物种，在人类文明逐渐发展的过程中，却与大自然逐渐隔离了，特别是到了近现代，随着建筑技术和空调技术的发展，人们已经把自己囚禁于人工建筑物之中，与自然接触越来越少的人类建筑物已经大量排斥了其他生物的生存，水泥地面让植物无法生长，玻璃大楼成了飞鸟的墓地，城市扩张耗费大量材料以致几乎砍光了山林，挖空了矿藏。然而，人类始终是大自然中的一个物种，现在流行的富贵病、空调病等都说明，人们应该接近自然，融入自然，只有这样才能更好地生活在这个地球上。绿色医院建筑设计要符合与自然环境共生的原则，这就要求人们关注建筑本身在自然环境中的地位、人工环境与自然环境的设计质量等问题，人为建造不是强加于自然，而是融合于自然之中，以达到与自然共生的目标。建筑师应当转变角色，从传统设计者转变为建筑与环境共生的策划者、协调者和营造者。绿色医院建筑还应考虑对可再生能源（包括太阳能、地热能、风能等）的利用。

（二）人本原则

建筑是为人类服务的，以人为本、尊重人类是绿色医院建筑设计的一个重要原则，绿色医院建筑对人的尊重不仅局限于对患者的尊重，而且表现在对医护人员的爱护以及给予探视家属足够的关怀。在绿色医院建筑的设计和建造过程中，节能环保不能以降低生活质量、牺牲人的健康和舒适性为代价，尊重自然，保护环境，都要建立在满足人类正常的物质环境需求的基础上，人类必须将对健康、舒适、方便的追求放在与保护环境同等重要的地位。建筑物的一个主要目的是为人类生活提供健康、舒适的生活环境，创造优美的外部空间，改善室内环境品质，提高舒适度，降低环境污染，满足人生理和心理的需求。

人性化设计是绿色建筑中体现人本原则、展现人文关怀的重要方面。建筑是为人们的健康服务的，其特殊性使得在设计中强调"以人为本"的设计理念更加重要。绿色医院建筑的设计包含以下四个方面的要求：

1. 基于人体工程学原理，从人体舒适度的角度出发。在医院建筑中创造舒适的室内外空间和微气候环境，营造理想的医院建筑内部微气候环境，尽量借助阳光、自然通风等自然方式调节建筑内部的温湿度和气流。

2. 以行为学、心理学和社会学为出发点，考虑人们心理健康和生理健康的环境需求，并创造合理健康的环境。

3. 提高自主性，建筑空间的使用者可以对自己的居住环境进行适当调节，满足不同使用者不断变化的使用要求。

4. 在绿色医院建筑的人性化设计中，不能忽略建筑所在地的地域文化、风俗特征和生活习惯，要从使用者的角度考虑人们的需要，每一个地方都有其特有的地域文化，新建筑的建筑风格与规模要和周围环境保持协调，保持历史文化与景观的连续性，只有考虑到地域差异，才能设计出适合当地人的建筑。

（三）效益原则

强调医院建筑的效益原则就是要考虑资源、能源的节约与有效利用。资源、能源节约与有效利用，是绿色医院建筑设计中表现最为突出的一个方面。只有实现了高效节约，才能减少对自然环境的影响和破坏，实现真正的绿色和可持续发展。资源、能源节约与有效利用的设计，其具体内容和技术途径主要体现在以下三个方面。

1. 实施节能策略，包括设计节能、建造节能和使用节能。设计节能主要是指在建筑的设计过程中考虑节能，诸如建筑总体布局、结构选型、围护结构、材料选择等方面考虑如何减少资源能源的利用；建造节能主要是指在建造过程中通过合理有效的施工组织，减少材料和人力资源的浪费以及旧建筑材料的回收；使用节能则主要是指在建筑使用中合理管理能源的使用，减少能源浪费，如加强自然通风、减少空调的使用等，使建筑走向生态化和智能化的道路。

2. 利用新型能源和循环可再生能源技术，提高能源的利用率。例如，在城市能源供应系统中利用天然气代替煤炭，就可以大大提高能源的利用率。新型的供热系统与城市工业、发电业等合作，增加能源综合利用效率，从整体上提高能源利用率。自然能源和循环可再生能源的运用技术关键在于其与建筑的有机结合方面。

3. 结合当地的地域环境特征。在基地分析与城市设计阶段，应该从地域的具体条件出发，优化设计目标，寻求一种综合成本与环境符合的方案，以最小的代价获得绿色建筑的最大效益。绿色医院建筑应充分利用建筑场地周边的自然条件，尽量保留和合理利用现有适宜的地形、地貌、植被和自然水系。建筑的选址、朝向、布局、形态等，要充分考虑当地气候特征和生态环境。在自然协调设计中，最为突出的是建筑被动式气候设计和因地制宜的地方场所设计。此外，绿色环保方面的技术内容，也是关注的重点。资源、能源的节约与有效利用，要求设计师建立体系化节能的概念，从设计到使用全面控制能源的消耗。所有使用的能源都应当向清洁健康或者可循环再生的方向发展，以避免形成更大的浪费和环境污染。绿色医院建筑的效益原则主要是针对医院建筑功能运营方面的经济性要求而采取的设计策略，它的根本思想是通过医院建筑设计充分利用各种资源，包括社会资源（人力、物力、财力等）和自然资源（物质资源、能源等），这从另一个角度来说也就是节约资源，从而实现医院建筑与社会和自然的共生。具体的设计范围很宽泛，从前期的投资、规模定位、布局，到流线设计和具体的空间选择，直到建筑的解体再利用，整个过程中都包含高效节约的设计内容。

（四）系统原则

绿色医院建筑的设计应该将医院建筑跟周围的环境看成一个整体，从系统的角度去分析、考虑如何实现建筑的绿色化。广义的绿色建筑设计要从以下三个层面展开。

第一，建筑所在区域和城市层面。在这一层面要全面了解城市的自然环境、地质特点和生态状况，并将其作为城市开发工作的指导，完成重大项目环境建设的制定与审批，做到根据生态原则来规划土地的利用和开发建设。同时，协调好城市内部结构与外部环境的关系，在城市总体规划的基础上，使土地的利用方式、强度、功能配置等与自然生态系统相适应，完善城市生态系统，做好城市的综合减排、综合防灾。

第二，建筑建设用地层面。这一层面的主要内容是与区域和城市层面对城市整体环境所确立的框架相接续的，研究城市改造和更新过程中的复合生态问题，在四维时空框架内整合城市机能，化解城市功能需求和生态网络完整性之间的各种矛盾。

第三，建筑单体层面。这一层面的主要内容是处理局部和整体的关系，协调建筑与自然要素的关系，利用并强化自然要素。基于此层面，将把绿色建筑的理论落实到具体建筑中，从建筑布局、能源利用、材料选择等方面结合具体条件，选择适当的技术路线，创造宜人的生活环境。

绿色医院建筑是可持续发展的建筑，有着新型的伦理观——横向上关注代内全体成员的利益，纵向上关注代际历时性利益的公正。这种新型的伦理观的核心就是整体性，是各种利益的整体平衡。基于这一观点，绿色医院建筑的设计在实际操作中须处理好一些常见的矛盾。首先是整体利益与局部利益的矛盾。从绿色医院建筑环境的角度看，任何封闭环境都不可能单独达到理想目标，必须与周围环境协同发展、互利互惠，实现优势互补，共同达到绿色节能的目标。否则相互之间的制约将形成建筑和城市绿色化的瓶颈。因此，在建筑设计中必须注重对整体利益的把握，局部利益必须服从整体利益。绿色医院建筑设计是面向社会、面向自然的设计，只有在大的环境整体上的实现才是真正实现。其次是长期利益与短期利益的矛盾。当代利益相对于后代利益而言是短期的利益，从可持续发展的角度考虑，不能为了当代人的利益而损害后代人的利益。绿色医院建筑的设计、建造和使用，都必须站在历史的高度，用长远的眼光看待问题，实现建筑在整个使用周期中的效益最大化。

总之，绿色医院建筑要真正实现其绿色化，就必须掌握其特定目标的调整和侧重，对目标体系进行"优化"。绿色医院建筑目标体系的优化是指在满足特定的各种约束条件（如地域气候特征、经济状况、技术条件、文化传统等）的前提下，合理地对各分项目标的内涵及重要度进行调整和组合，在自然、人本、效益、系统四大原则的框架内，获得现实可行的最佳方案。绿色医院建筑所包含的四个设计原则，各有其侧重点和指向特征，但彼此之间又存在着相互交叉的地方，在设计时必须相互融合，统筹考虑。

三、绿色医院建筑设计策略

（一）可持续发展总体策划

随着医疗体制的更新和医疗技术的不断进步，医院功能日趋完善，医院建设标准逐步提高，主要体现在床均面积扩大、新功能科室增多、就医环境和工作环境改善等方面。绿色医院的设计理念要体现在该类建筑建设的全过程，总体策划是贯彻设计原则和实现设计思想的关键。

1. 规模定位与发展策划

医院建筑的高效节约设计首先要对医院进行合理的规模定位，它是医院良好运营的基础。如果定位不当，就会造成医院自身作用不能充分发挥和严重的资源浪费。只有正确处理现状与发展、需要与可能的关系，结合城市建筑规划和卫生事业发展规划，合理确定医院的发展规划目标，才能有效地对建设用地进行控制，体现规划的系统性、滚动性与可持续发展，实现社会效益、经济效益与环境效益的统一。

随着人口不断增长，医院的规模也越来越大，应根据就医环境合理地确定医院建筑的规模，规模过大则会造成医护人员、病患较多，管理、交通等方面问题凸显；规模过小则会造成资源利用不充分，医疗设施难以健全。随着人们对健康的重视和就医要求的提高，医院的建设也逐渐从量的需求，转化为质的提高。

我国医院建设规模的确定，不能臆想或片面追求大规模和形式气派，需要综合考虑多方面因素，注重宏观规划与实践的结合，在综合分析的基础上做出合理的决策。要制定可行的实施方案，主要考虑的内容是医院在未来整体医疗网络中的准确定位、投资决策、项目的分阶段控制完成等，它是各方面关联因素的综合决策过程。

在这个阶段，需要医院管理人员及工艺设备的专业相关人员密切参与配合，他们的早期介入有利于进行信息的沟通交流（如了解设备对空间的特殊技术要求、功能科室的特定运行模式等），尽可能避免土建完工后建筑空间与使用需求之间的矛盾冲突和重新返工造成极大浪费的现象产生。统筹规划方案的制定应该有一定的超前性，医院建筑的使用需求在始终不停的变化之中，但一幢新的医院建筑一般有四五十年的使用寿命，设备、家具可以更新，但结构框架与空间形态却不易改动，因此，建筑设计人员应该与医院院方共同策划，权衡利弊，根据经济效益性确定不同投资模式。

另外，我国医院的建设，首先应确定规模、统一规划，分期或一次实现进行。全程整体控制是比较有效与合理的发展模式，在医院建筑分期更新建设中，应该通过适当的规划，保证医院功能可以照常运行，把医院改扩建带来的负面影响减至最小，实现经济效益与建设协调统一进行。医院建设的前期策划是一个实际调查与科学决策的过程，它有助于医院建筑设计工作者树立整体动态的科学思维，在调查及与医院相关人员的交流等过程中提高对医疗工作特性的认识，奠定坚实的工作基础，使可持续发展的具体设计可以更顺利地进行。

2. 功能布局与长期发展

随着医疗技术的不断进步、医疗设备的不断更新、医院功能的不断完善，比起当前医院建筑提供的仅是单纯满足疾病治疗的空间和场所，我们更应该注意的是：远期的发展和变化为功能的延续提供必要的支持和充分的预见；灵活的功能空间布局为不断变化的功能需求提供物质基础。随着医疗模式的不断变化，医院建筑的形式也发生着变化，一方面是源于医疗本身的变化，另一方面是源于医院建筑中存在着大量不断更新的设备、装置的变化。绿色医院建筑的特征之一就是近远期相结合，具备较强的应变能力。

医院的功能在不断地发生改变时医院建筑也要相应地做调整，在一定范围内，当医院的功能寿命发生改变时，建筑可以通过对内部空间进行调整来满足功能的变化，保证医院建筑的灵活性和可变性，真正做到以"不变"应"万变"的节约、长效型设计。

（1）弹性化的空间布局

医院建筑结构空间的应变性是对建筑布局应变性的进一步深化，从空间变化的角度看基本分为调节型应变和扩展型应变两种。调节型应变是指保持医院自身规模和建筑面积不变，通过内部空间的调整来满足变化的需求；扩展型应变主要是指通过扩大原有医院规模和增加面积来满足变化的需求。两种方式的选择是通过对建筑原有条件的分析和对比而决定的。在设计中，绿色医院建筑应该兼有调节型应变和扩展型应变的特征，这样才能具有最大限度的灵活应变性，适应可持续发展的需要。

调节型应变在结构体系和整体空间面积不变的条件下可以实现，简便易行，大大地提高效率、节省资源。要实现医院的调节型应变关键是在建筑空间内设置一定的灵活空间以用于远期发展，而调节型应变要求空间具有匀质化的特征，以使空间更容易被置换转移和实现功能转换融合，即要求医院空间具有较好的调整适应度。扩展型应变主要通过面积的增加来实现，扩展型空间应变的关键是保证新旧功能空间的协调统一，扩展型空间应变包括水平方向扩展和竖直方向扩展两个方面。

医院的水平扩展需要两个基本条件：一方面要预留足够的发展用地，考虑适当留宽建筑物间距，避免因扩展而可能造成的日照遮挡等不利影响；另一方面使医院功能相对集中，便于与新建筑的功能空间衔接，考虑前期功能区的统一规划等。医院竖直方向扩展一般不打乱医院建筑总体组合方式，优点是利于节约土地，特别适用于用地紧张，原有建筑趋于饱和的医院建筑，缺点在于竖直方向扩展需要结构、交通和设备等竖直方向发展的预留，而在平时的医院运营中它们尚未充分发挥作用，容易造成一定的资源浪费。

（2）可生长设计模式

医院建筑是社会属性的公共建筑，但又与常规的公共建筑有所不同。由于其功能的特殊性，使用频率较高，发展变化较快，功能的迅速发展变化，大大缩短了建筑的有效使用寿命，如果医院建筑缺乏与之适应的自我生长发展模式，很快就会被废弃。从发展的角度讲，建筑限制了医疗模式的更新和发展；从能源角度讲，不断地新建会造成巨大的浪费，因此医院建筑在设计中应该充分考虑建筑的生长发展。建筑的可生长性主要从两个层面考虑：一是为了适应医学模式的发展，满足医院建筑的可持续发展，而不断地在建筑结构、建筑形式和总体布局上做出探索变化，即"质"变；二是建筑基于各种原因的扩建，即"量"变。医疗建筑的生长发展是为了适应疾病结构的变化和医疗技术的进步而发展的。延长建筑的使用寿命是绿色建筑的特点之一。医院应该预留足够的发展空间，建筑空间也应便于分隔，适度预留，体现生长型绿色医院建筑的优越性和可持续性。

3. 节约资源与降低能耗

近几十年我国城市迅速发展扩大，城市的高速发展不可避免地带来许多现实问题，诸如建筑密度过高，用地紧张，公共设施不完善，道路低密度化等问题。城市中心的城市发展理念不符合一般的城市可持续发展规律，其中对建筑设计影响最大的应该是建设用地的紧张。高密度造成了环境的破坏，因此随着我国医院功能部门的分化和规模的扩大，为了节约土地资源、节省人力物力和能源的消耗，医院建筑在规划布局上相应地缩短了流线，出现了整合集中化的趋向，原有医院建筑典型的"工"字形、"王"字形的分立式布局已经不能满足新时期医院发展的需要。其建筑形态进一步趋于集中化，最明显的特征就是大型网络式布局医院的出现以及许多高层医院的不断产生。

纵观医院建筑绿色化的发展历程，医院建筑经历了从分散到集中又到分散的演变，它反映了绿色医院建筑的发展趋势。应该注意到，医院建筑的集中化、分散化交替的发展模式是螺旋上升的发展方式，当前我们所倡导的医院建筑分散化不是简单地回归到以前的布局及分区方式，而是结合了现代医疗模式变化发展的，更为高效、便捷、人性化的布局形式。

（1）便捷、高效、合理的集中化处理

面对当前建设用地紧缺、不可再生资源的大量流失，采取集中化的处理是为了达到有限资源的最优化利用，实现高效节能的设计初衷。同时，考虑到医疗病患的特殊情况，为了方便病患的就医就诊，尽可能地减少流线的反复冗长，做到高效便捷的功能使用，势必会将医院建筑的功能集中化处理。这也是以人为本设计理念应该考虑和解决的问题。另外集中式布局有利于提高医院的整体洁净等级，是现代化医院设计的理想模式，但必须以合理的分区、分流设计和必要的技术措施为保证，集中式的布局原则是国际标准的现代化医院最基本的标志之一。因此集中化处理更加适合现代医疗模式，它能够便捷、高效地实现对病患的救治。

（2）人性、绿色、高质量的适度分散化处理

医院建筑的集中化处理固然会带来诸多好处，但有些建筑由于过度集中也带来了许多负面效应。建筑的过于集中化使医院空间环境质量恶化，造成了医疗环境的紧张感、压迫感。如果过于成片集中布置，许多房间将没有自然采光与通风，这就不得不使用空调，从而造成大量的能源浪费。因此，集中化处理不是全盘的集约压缩，是在综合考虑满足医院建筑基本使用功能的前提下做出的合理、适度的处理手段之一。

现代医院建筑不仅要满足人们就医就诊的基本功能，同时要创造健康、舒适的休养环境，这也是绿色医院建筑需要实现的重要目标，树立"以人为本"的设计理念，考虑使用者的适度需求，努力创造优美和谐的环境，保障使用的安全，降低环境污染，改善室内环境质量，满足人们生理和心理的需求，为有效地帮助病患更好地恢复创造条件。因此，环境品质的保证就要求建筑布局应适度分散化处理，除了特殊的功能部门宜采取集中设置外，一般不宜采用大进深的平面和高层集中式的布局，提倡采用低层高密度的布局，充分利用自然采光、通风来实现高效与节约的绿色设计。

在医院建设费用提高的同时能耗也在不断提高，医院建筑已经成为能耗最大的公共建筑之一。绿色医院的建设需要考虑建筑全寿命周期的能耗，从建筑的建造开始到使用运营都做到尽量减少能耗。医院的能耗不仅使医院日常支出增大，医疗费用增加，而且使目前

卫生保健资金投入与产出之间的差距越来越大，加剧了地区供能的矛盾并降低了医院用能的安全性。节能、可持续设计思想是绿色建筑的基础。绿色医院建筑应充分利用建筑场地周边的自然条件，尽量保留与合理利用现有适宜的地形、地貌、植被和自然水系，尽可能减少对自然环境的负面影响，减少对生态环境的破坏。

为了减少建筑在使用过程中的能耗，真正达到与环境共生，绿色医院建筑应尽量采用耐久性及适应性强的材料，从而延长建筑物的整体使用寿命，同时充分利用清洁、可再生的自然能源，如太阳能、风能、水能等，来代替以往的旧的不可再生能源，提供建筑使用所需的能源，大大减轻建筑能耗对传统资源的压力，提高能源的利用效率。

（二）自然生态的环境设计

1.营造生态化绿色环境

与自然和谐共存是绿色建筑的一个重要特征，拥有良好的绿色空间是绿色医院建筑的鲜明特征，自然生态的空间环境既可以屏蔽危害、调节微气候、改善空气质量，还可以为患者提供修身养性、交往娱乐的休闲空间，有利于病人的治疗与康复。热爱自然、追求自然是人类的本性，庭院化设计是绿色医院建筑的标志之一，它是指运用庭院设计的理念和手法来营造医院环境。

空间设计庭院化不论是对医患的生理，还是心理都十分有益，对病人的康复也有极大好处。注重对医院绿化环境的修饰，是提高医院建筑景观环境质量的重要手段，如采用室内盆栽、适地种植、中庭绿化、墙面绿化、阳台绿化、屋顶绿化等都能为病人提供赏心悦目、充满生机的景观环境，达到有利治疗、促进康复的目的。

环境是建筑实体的延伸，包括生态环境和人文环境。医院建筑的环境绿化设计应根据建筑的使用功能和形态进行合理的配置，以达到视觉与使用均佳的效果。综合医院入口广场是院区内主要的室外空间，具有人流量大、流线复杂的特点，景观与绿化设计应简洁清晰，起到组织人流和划分空间的作用。广场中央可布置装饰性草坪、花坛、花台、水池、喷泉、雕塑等，形成开敞、明快的格调，特别是水池、喷泉、雕塑的组合，水流喷出，水花四溅，并结合彩色灯光的配合，增加夜景效果。如果医院广场相对较小，可根据情况布置简单的草坪、花带、花坛等，起到分隔空间、点缀景观的作用。广场周围环境的布置，应注重乔木、灌木、矮篱、色带、季节性花草等相结合，充分显示出植物的季节性特点，充分体现尺度亲切、景色优美、视觉清新的医疗环境。

住院部周围或相邻处应设有较大的庭院和绿化空间，为病患提供良好的康复休闲环境及优美的视觉景观。住院部周围的场地绿化组织方式有两种：规则式布局和自然式布局。规则式布局方式常在绿地中心部分设置整齐的小广场，以花坛、水池、喷泉等作为中心景观，广场内应放置座椅、亭、架等休息设施；自然式布局则充分利用原有地形、山坡、水体等，自然流畅的道路穿插其间，路旁、水边、坡地可有少量的园林建筑，如亭、廊、花架、主题雕塑等园林小品，重在展现祥和美好的生存空间，衬托出环境的轻松和闲逸。

植物布置方面应充分体现植物的季相变化和植物的丰富种类，常绿树和落叶树、乔木和灌木应比例得当，使久住医院的病人能感受到四季的更替及景色的变化。医院的室外环境应有较明确的分区与界定以满足不同人群的使用，创造安全、高品质的空间环境。为了避免普通病人与传染病人的交叉感染，应设置为不同病人服务的绿化空间，并在绿地间设一定宽度的隔离带。隔离绿化带应以常绿树及杀菌力强的树种为主，以充分发挥其杀菌、防护的作用，并在适当的区域为医护人员设置休息空间和景观环境。

2. 融入自然的室内空间

室内空间的绿色化是近年来医院设计的重要趋势之一。我国的医院建筑规模和人流量均较大，室内空间需要较大的尺度和较宽敞的公共空间。

绿色医院建筑的内部景观环境设计一方面要注重空间形态的公共化。随着医疗技术的进步，其建筑内部使用功能也日趋复合化，为适应这种变化，医院建筑的空间形态应更充分地表现出公共建筑所特有的美感，中庭和医院内街的形态是医院建筑空间形态公共化的典型方法。不同的手法表达了丰富的空间形式，为服务功能提供了场所，也为使用者提供了熟悉方便的空间环境，为消除心理压力、缓解焦躁情绪起到了积极的作用，同时表达了医院建筑不仅为病患服务，也为健康人服务的理念。

内部环境的绿色设计另一方面体现在室内景观自然化。人对健康的渴望在患者身上表现得尤为强烈，室内绿化的布置、阳光的引入是医院建筑空间环境设计的重要方面。建筑中的公共空间应综合运用艺术表现手法和技术措施，创造良好的自然采光与通风并配之相应的植物，可以将适宜的植物引进室内，拥有室内外空间相连接的因素，从而达到内外空间的过渡，既可提供优美的空间环境又可以改善室内环境质量，有效防止交叉感染。在较私密的治疗空间内更要注重阳光的引入和视线的引导，借助绿体设计增加空间的开阔感和变化，使有限的室内空间得以延伸和扩大。让患者尽量感受阳光和外面的世界，体验生活的美好和生命的意义，帮助治疗与康复。也可以利用一些通透感强的建筑界面将室外局部景色透入室内，让室外的绿化环境延伸到室内空间。室内外空间相互渗透、交融，人在室内就犹如置身于山水花木之中，做到最大限度地与自然和谐共生。

3. 构建人性化空间环境

人性化的医院空间环境设计是基于病人对医疗环境的需求而进行的建筑设计。建筑中渗透着人们的审美情感，绿色医院建筑的意义更多的是以情感的符号加以体现的。建筑的色彩、造型都是因人而异的情感符号，对空间形态、色彩的感知是人们主观认识的能动发挥，形成对生存环境的综合认知。因此，通过医院建筑人性化设计表达的情感更能张扬主体的生命力。医院是治疗人们身心病痛的场所，但人们往往害怕去医院，因为医院让很多人联想到疾病和痛苦，心理学与人文学的紧密联系使设施先进的现代医院同样应该具有人文色彩，拯救生命、解除病痛的过程本身就充满了人性美。

绿色医院建筑应较其他类型的公共建筑设计更加细腻精致，绝大多数的患者在心理上是脆弱和敏感的，这是生物的本能反应，忧虑、急躁、无助都是病人常出现的情绪。室内空间是人与建筑直接对话亲密接触的场所，室内空间的感受将直接决定人对建筑的认识，他们需要的是带有美感的空间，而创造美感则需要精通美的原则——和谐、成比例、均衡等。病患在就医的过程之中会有来自社会、家庭的压力，同时因为对医院环境的不熟悉，会产生一定的心理焦虑和恐惧感，尤其是住院患者，在心理上表现出强烈的焦虑和忧郁，严重影响医治效果。从人性化设计思想出发，引入家居化的设计是体现人文关怀的有效措施。家居化设计从日常活动场所中汲取设计元素，结合医院本身的功能特点进行设计，以期最大限度地满足患者的生理、心理和社会行为的需求，使医院环境成为让人精神振奋或给人情绪安慰的空间。通过建筑设计的手段给医院空间环境注入一些情感因素，从而淡化高技术医疗设备及医院氛围给人带来的冷漠与恐惧心理。在绿色医院设计时，必须"以人为本"，尽量满足人们各种需求，为医院内的人们提供一个高质量的医疗空间环境。

人性化的医疗环境包括安全舒适的物理环境和美观明快的心理环境。首先要在采光、通风、温湿度控制、洁净度保证、噪声控制、无障碍设计等方面综合运用先进的技术，满足不同使用功能空间的物理要求；其次是在空间形态、色彩、材质等方面引入现代的设计理念，创造丰富的空间环境。在绿色医院设计时，除须对标志性予以考虑外，还应注意视知觉给人带来的影响。例如：儿童观察室、儿童保健门诊装扮成儿童健康乐园，采用欢快的蓝色，配以色彩斑斓的卡通画等孩子喜欢的物品或色彩，对消除孩子的恐惧感具有积极的作用；妇科、产科门诊采用温暖的粉红色，配以温馨的小装饰，让前来就诊的孕产妇从思想上消除紧张和恐惧，使人感到平安、舒适、信任；妇女保健、更年期门诊采用优雅的紫罗兰色，打消了更年期妇女焦虑不安的情绪。除了对颜色本身的设计外还需要对微环境予以充分重视，只有良好的光环境，建筑色彩才能完美地展示给人们，才能为使用者提供一个愉悦欢快的医院环境。冬暖夏凉、四季如春、动静相宜、分合随意、探视者和病患者共用的公共空间是绿色医院建筑中富有特色的人性化空间。

（三）复合多元的功能设置

医院的建筑形态，主要取决于医生医疗水平、地区医疗需求、医院营运机制以及建筑标准等要素。在一个地区、一定时期内，构成的要素具有一定的稳定性。然而医院建筑形态必然随着时间的推移而发生变化，在时空坐标上呈现为动态构成的趋势。由于构成要素具有相对稳定性，在建成运营后的一段时间内能够满足基本的医疗功能要求，通常将这一期限称为医院的功能寿命，又可称为医院建筑的形变周期。如果超过这个期限，医院建筑就将发生功能和形态的变化，医院建筑的发展过程就是由一个稳定走向新的稳定的过程。绿色医院建筑的特征是具有较长的寿命周期，其功能与形态的变化与需求发展同步而行。

1. 医院自身的功能

随着社会经济的快速发展和人民生活水平的逐渐提高，人们的健康观念不断更新，健康意识不断增强，医院面对的不再是病患，也包括很多健康人群。综合医院中增设健康体检中心、健康教育指导、日常保健等功能，是现代医院服务全社会的显著特征之一。将康复功能纳入医院建筑是近年来解决"老龄化"社会问题的有效措施。该方式最早出现在日本和韩国，在不同规模的医疗设施中解决与老人看护康复功能相结合的问题，很好地体现了社会福利和全面保健的效能。这类医疗设施不仅要注重医疗救治的及时性，还要更加关注治疗的舒适性和建筑环境的品质。

2. 针对社会需求的功能复合

完善医疗功能的复合化直接影响医院建筑外部形态和内部空间。很多医院随着经营效益的增加，逐步走向创立品牌、突出特色的发展道路。随着医疗服务的扩展、建筑规模的扩大而产生功能复合化的形态日益明显。医疗功能的复合化即集门诊、住院、医技、科研、教学、办公为一体，形成有较大规模的医院综合体。综合医院的"大而全"特征日益显著，除了包括综合医院常规的功能外，还容纳了越来越多的其他辅助功能。

3. 新医学模式下的功能扩展

新医学模式更关注人的心理需求，医院的运行理念从"医治疾病"转化为"医治患者"，加强对于整体医疗环境的建设，为患者提供完善的辅助医疗空间和安定、舒适的医疗环境，即使不能完全治愈的患者，也可通过良好的整体医疗环境形成较好的心态和战胜疾病的意志，从而配合医院的治疗，得到一定程度的康复。例如，许多医院的产科病房设置宾馆式的家庭室、孕妇训练室等。日本的很多医院里设置了安慰护理病区（临终关怀病区），在延长患者生命的同时通过谈心关怀、音乐疗法等精神护理减轻患者的不适感，最大限度地体现人性化。这类功能扩展会导致医院建筑的部门空间有所增加以及空间形态的改变，新增空间应在空间形态上有别于同部门治疗室并与之有紧密的联系。

（四）先进集约的技术应用

1. 应用先进建筑技术

生存环境的恶化与能源的匮乏使人们越来越重视环保与节能的重要性。建筑的环保与节能是绿色建筑设计的宗旨，随着技术的进步与经济的发展，在建筑设计中，除了通过一些原有的基本技术手段实现环保和节能外，大量现代先进技术的应用，使能源得到了更高效地利用。在绿色医院设计中，主要通过空调系统、污水处理、智能技术、新建筑材料等方面进行环保和节能设计，防止污染使得医院正常运营需要综合多种建筑技术加以保障，应用于污染控制的环境工程技术设计，应立足于现行相关标准体系和技术设备水平，充分了解使用需求，以人为本、全面分析、积极探索，采取切实有效的技术措施，从专业方面严格控制交叉感染、严防环境污染，建立严格、科学的卫生安全管理体系，为医院建筑提供安全可靠的使用环境。

（1）控制给排水系统污染

医院给排水系统是现代化医疗机构的重要设施。医院给水系统主要体现在医院正常的使用水和饮用水供应，排水系统主要体现在医院各部分的污水和废水的排放。院区内给排水及消防应根据医院最终建成规模，规划好室内外生活、消防给水管网和污水、雨水管网，污水雨水管网应采用分流制。

给水、排水各功能区域应自成体系、分路供水，避开毒物污染区。位于半污染区、污染区的管道应该安装止回阀，严禁给水管道与大便器（槽）直接相连及以普通阀门控制冲洗。消防与给水系统应分设，因消防各区相连，如与给水合用，易造成交叉污染，如供水采用高位水箱，水箱必须设在清洁区，水箱通气管不得进入其他房间，并禁止与排水系统的通气管和通风道相连。排至排水明沟或设有喇叭口的排水管时，管口应高于沟沿或喇叭口顶，且溢水管口应设防虫网罩。

医护人员使用的洗手盆、洗脸盆、便器等均应采用非手动开关，最好使用感应开关。地漏应设置在经常从地面排水的场所，存水弯水封应经常有水补充，否则，会造成管道内污浊空气窜入室内。除淋浴房、洗拖把池等必须设置地漏外，其他用水点尽可能不设地漏，诊室、各类实验室等处不在同一房间内的卫生器具不得共用存水弯，否则可能导致排水管的连接互相串通，产生病菌传染。各区、各房间应防止横向和竖向串气而引起的交叉感染。

排水系统应根据具体情况分区自成体系，且应污水废水分流；空调凝结水应有组织排放，并用专门容器收集处理或排入污染区的卫生间地漏或洗手池中；污水必须经过消毒灭菌处理，也可根据需要和实际情况采用热辐射及放射线等方法处理，达标排放，其他处理视具体状况综合确定。污水处理站根据具体条件设在隔离区边缘地段，便于管理与定期化验。污水处理系统宜采用全封闭结构，对排放的气体应进行消毒和除臭，以消除气溶胶大分子携带病原微生物对空气的污染，避免病原微生物的扩散。

（2）医疗垃圾污染处理

医院建筑污染垃圾应就地消毒后就地焚烧，垃圾焚烧炉为封闭式，应设在院区的下风向，在烟囱最大落地浓度范围内不应有居民区。若医院就地焚烧会产生环境问题，可由特制垃圾车送往城市垃圾场的专用有害垃圾焚烧炉焚烧。医疗垃圾多带有病原微生物，一旦流入露天场所，不仅传播疾病，而且污染地下水源。为彻底堵塞病毒存活可能，根据医院污水的特点及环保部门的有关制度与法规，在产生地进行杀菌处理，最好采用垃圾焚烧办法。

（3）应用生物洁净技术

绿色医院建筑的空调系统设计须应用生物洁净技术。采暖通风须考虑空气洁净度控制和医疗空间的正负压控制的问题。规范规定负压病房应考虑正负压转换平时与应急时期相结合。负压隔离病房、手术室、ICU采用全新风直流式空调系统应考虑在没有空气传播病菌时期有回风的可能性以节省医院的运转费用，因此在隔离病房的采暖通风的设计与施工中应考虑使用相关的新技术、新设备，生物洁净室设计的最关键问题是选择合理的净化方式，常用的净化气流组织方式分为层流式和乱流式两大类。层流洁净式较乱流洁净式造价高，平时运行费用较大，选用时应慎重考虑。层流洁净式又分为水平层流和垂直层流，在使用上水平层流多于垂直层流，其优点是造价较经济、易于改建。

（4）应用信息智能技术

信息智能技术在医院建筑的日常工作运行和应对突发卫生事件中发挥重要作用。其主要技术体现在网络工程方面。随着医疗建筑在我国的蓬勃发展，营造良好的设施、幽雅的环境、优质的医疗服务已成为医疗运营必不可少的手段。智能化建设的目的正是满足上述需求，将先进的计算机技术、通信技术、网络技术、信息技术、自动化控制技术、办公自动化技术等运用其中，提供温馨、舒适的就医和工作环境，并降低能量消耗、实现安全可靠运行、提高服务的响应速度。网络工程对绿色医院建筑的建设具有重要的意义。现代化的诊疗手段、高科技的办公条件和便捷的网络渠道，都为医院的正常运营提供了至关重要的支持。网络工程使各科室职能部门形成网络办公程序，利用网络的便捷性开展工作，更加快捷和实用。网络工程在门诊和体检中心的应用更加广泛，电子流程使患者得到安全、快捷、无误的服务，最后的诊治结果也可以通过网络来查询。

2. 集成现代医疗技术

医疗技术是随着科学进步而发展的。20世纪中期，医院以普通的X光和临床生化为主。随后相继出现了CT、自动生化检验、超声、激光、磁共振等医疗诊断设备，而且更新周期越来越短。医疗技术的进步带来了医疗功能的扩展，为疾病的诊疗开辟了新的途径，也对医院建筑设计提出了新的要求。

第三节　绿色酒店建筑设计

一、绿色酒店设计内涵

绿色酒店是具有一定节能环保效益的酒店。节能环保酒店的理念主要是节能、环保、健康、安全。注重节能环保环境保护，科学利用资源。节能环保酒店中的"节能环保"包括两层含义：一是充分利用自然资源，使酒店设计与自然条件完美融合；二是充分利用自然条件，实现人与自然融合的酒店模式，使酒店与自然风光完美融合。

二、绿色酒店建筑的设计方法

（一）噪声控制

噪声是每个旅馆都不可避免的问题。为了降低节能环保型酒店的噪声，装修时可安装一些吸声装置，并安装一些具有吸声功能的材料。酒店也使用绿色植物来减少噪声。虽然酒店的景观设计风格不同，但有一个共同的特点——用园林植物来表现自己不同的风格和感受。不同的植物不仅可以衬托出不同的氛围，还可以缓解噪声环境对客人的影响。

（二）屋顶节能

在一些节能环保型酒店的设计中，为了充分利用光资源，会采用一些屋顶结构。比如采用玻璃屋顶，使室内植物可以直接接触阳光进行光合作用，这在一定程度上也给半封闭的室内环境注入了氧气，使整个空间更加清新动感。随着空气中负氧离子的增加，人们会感到精神焕发，植物蒸腾释放出的水分会使人们更加舒适。其中一些还可以吸收氟气、二氧化硫等有害气体，起到净化空气的作用。此外，在节能环保型酒店的设计中，可以在屋顶铺设太阳能电池板，既可以充分利用太阳能，又可以节约节能环保型酒店的运营成本，提高酒店的竞争力。

（三）生态酒店文化设计方法

节能环保主要包括三个方面：人工环境节能、自然环境节能和历史文化环境节能。生态文化是建筑设计与区域生态文化的有效融合，以充分发挥生态酒店建筑设计的优势。文化生态可以通过建筑自身与地域文化的关系来实现，从而使建筑设计更具地域性。生态酒店的设计方法主要包括以下几个方面：

1. 形成对比。在建筑技术和材料的应用上，完全采用现代方法，使传统建筑与新建筑形成对比，突出建筑的特点。

2. 新旧结合。首先，把握当地文化，找出文化特色，然后将其与现代建筑设计手法充分结合，做到新旧结合，突出地域特色。

3. 传统的设计模式。将传统建筑设计方法应用于酒店建筑设计中，创新和突破传统建筑风格，增加现代技术和功能。

（四）建筑的选址与设计

研究山水风水是非常重要的。选择优美的居住环境有利于身心健康发展，应优先考虑自然景观。因此，这种酒店式公寓楼从一开始就可以以中奖来吸引眼球。同时，依托成熟的旅游景点，与之良好的合作，不仅可以凸显其潜在价值，还可以突出绿色设计理念的应用。对此，公寓楼的选址还应考虑地理条件和气候环境，特别是在建筑设计中，需要综合分析，确保建筑设计与自然环境和谐共处。在公寓用地设计中，应遵循以下原则：一是保持生态环境的完整性，即不破坏原有的生态面貌；二是不影响区域水源系统，避免加剧水土流失，扩大绿化面积，避免热岛效应。

（五）建筑布局设计

随着时代的不断发展，人们的生态环保意识逐渐增强，对绿色设计理念有着强烈的认同感。为了获得更好的生活质量，人们更加关注居住环境。因此，在酒店式公寓的室外空间设计中，不仅要考虑室内空间的使用效果、室内外空间的整合与共生，更要注意室外环境的建筑与庭院、露台的关系。对于大多数酒店式公寓来说，运用绿色设计理念重塑和优化室外环境是提高生活质量的重要途径。

三、提升酒店建筑节能环保效果的措施

（一）加快酒店建筑节能环保体系建设

近年来，在国内相关部门的大力宣传下，国民的节能环保意识普遍有所提升，各行各业也纷纷将节能环保理念运用其中，然而就当前国内的能源消耗和环境污染情况而言还远远不够，尤其是酒店作为消费型的公共场所更应该重视自身节能环保性能的提升。针对当前国内相关法律法规不完善、标准规范体系不健全，导致部分酒店设计建设中过分注重豪华奢靡或过于在意成本而使用廉价材料造成能耗较大、污染严重等问题，相关部门应完善相关法律法规体系，设计单位也应加强标准规范建设，以便借助法律法规的强制性作用和

标准规范的引领性作用，使得酒店建筑设计人员在设计环节能更好地将节能环保理念融入其中，创造出真正的"绿色化"酒店设计方案。

（二）发挥相关政策的支持和激励作用

从国家和地方层面还应结合各地实际出台支持酒店建筑绿色设计的相关政策，以便能对节能环保理念在酒店建筑设计中的应用发挥激励引导作用。一方面可以通过减免税收、给予优惠贷款等，使得更多的社会资金能进入酒店建筑节能设计行业促进相关材料和技术的更新与发展；另一方面可以通过出台绿色节能建筑的固定资产折旧回收等措施进一步促进该行业的良好发展。

第四节　绿色商业建筑设计

在经济飞速发展的过程中，人类最初的发展是从自然资源的开发与利用方面开始的，人类在发展中不断向大自然进行索取，而现代的生态环境恶化、气候异常等都是过度向自然界索取的后果，也是自然界对人们的惩罚。在当下的发展形势之下，我们面临着自然界给予新挑战，当下也是我们进行行业发展方向调整的关键时期。在建筑行业的发展过程中，绿色经济、节能减排、保护环境等已经成为发展的主题和进一步扩展的方向，在设计的工作中也需要充分考虑到此方面的工作需求，做好设计工作，促进人与自然的和谐发展。

一、商业办公楼的主要特点

1. 能耗

商业办公楼的能耗较大，空调采暖通风、光电照明的能源消耗在商业办公楼建筑的总能耗中占据较大的比例。同时，从能耗方面考虑，商业办公楼建筑、住宅建筑之间存在着明显差异，具体体现在能耗分布时间方面，商业办公楼建筑的能耗负荷比较集中。但在围护结构相同的情况下，与一般住宅建筑相比，商业办公楼建筑的冷负荷较大、热负荷较小。

2. 室外环境

随着城市化建设进程的不断加快，商业办公楼建筑的建设数量越来越多。由于商业办公楼的特殊性，其多处于城市中心，且通常附近存在大型金融广场或者是生活广场，以便于满足人们的休闲、娱乐、饮食、购物等需求。与此同时，作为办公场所，商业办公楼的人员相对密集，其所处地区的交通线路较多且通常错综复杂，与城市其他区域之间存在紧密联系，周围市政设施也相对完善。综合考虑上述诸多因素，商业办公楼建筑建成后，势必会给其周边环境及城市环境、交通线路、市政设施等产生一定的影响。

二、商业办公楼的绿色建筑设计策略

1. 室内自然采光与通风设计

在商业办公楼建筑中，空调采暖通风、光电照明的能源消耗较大，因此，必须加强室内自然采光与通风设计，以降低商业办公楼建筑的能耗。首先，室内自然采光设计。通过改善室内自然采光条件，可以有效减少对照明设备的使用，不仅能够实现能耗的降低，还有利于解决光污染问题，可谓一举两得。室内自然采光设计中，可以应用计算机模拟技术，对室内采光环境进行模拟，然后再以此为根据，对商业办公楼建筑的窗户导光、整体格局进行科学设计。与此同时，商业办公楼建筑照明系统设计中，必须充分考虑商业办公楼建筑的周围环境，尽可能地减少照明系统给周围环境带来的光污染，实现节能、减排、降耗。其次，室内自然通风设计。通过改善室内自然通风条件，可以有效减少商业办公楼建筑中空调采暖通风系统的能耗，达到节能减排的目标。室内自然通风设计中，应对商业办公楼建筑的朝向进行合理选择，确保南北通透，为室内自然通风条件的改善奠定良好的基础。同时，应根据商业办公楼建筑的实际情况，采取 BIM 技术，对商业办公楼的窗墙比进行合理设计，改善通风效果。

2. 室外环境质量设计

商业办公楼设计中，通过在室外环境质量方面进行合理设计，可以改善商业办公楼的自然通风效果。室外环境质量设计中，可以应用计算机，建立商业办公楼建筑附近环境模型，对其空气流通情况进行监测，对风向流动情况进行准确评估。确保商业办公楼建筑室外环境设施的合理性，改善区域外环境，为商业办公楼建筑的布局设计提供有效参考。

3. 加大对新型能源的使用

伴随着市场经济体制的不断全面深化改革，我国社会生产力也在不断提高，绿色环保、可持续发展理念在各领域中得到了越来越多的重视。加大对新型环保型材料、新型可再生能源的应用，尽可能地减少对传统能源的应用，从而实现节能减排，是绿色建筑设计中的一个重要思路。基于此，商业办公楼设计中，应加大对太阳能、风能、地热能等清洁环保能源的应用。例如，可以采取排风能量回收系统、制冷制热循环系统等，从而提高对能源的利用效率，减少生态环境污染，提高商业办公楼的节能性、环保性。但在实际设计的时候，应考虑商业办公楼的实际情况、经济合理性，以确保预期目标的实现。

4. 注重绿化景观的营造

随着经济的发展、社会的进步，人们的生活质量明显提升，但同时，生活节奏不断加快、工作压力明显增加，现代人很少接触自然，普遍存在自然缺失症、病态建筑综合征。基于此，商业办公楼建筑设计中，应遵循人性化设计原则，在商业办公楼建筑中有机融入绿色植物、绿色景观，为人们营造充满人性、富含生活气息、绿色化的办公环境。

三、实例分析

某商业办公楼建筑项目，根据让·努维尔的建筑设计理念"建筑本身应该能与环境对话，带动周边朝好的方向转变"，制定了"景观办公"的设计理念，即建设"空中庭院"。该项目中，塔楼是一幢 23 层、高度为 96 米、标准层面积约 2000 平方米的高层建筑，其在建成后计划采取租用模式，要求空间布局灵活。因此，初步将塔楼的平面模式设计为"工"字形，即南北两侧为内廊式办公楼、中间为核心筒。内廊式办公楼的走廊靠内侧，为两跨进深，并将房间分隔为进深、大小不同的两种类型的办公空间。"工"的凹槽处，每隔几层便设置一个露天平台，充分利用可用公共空间，建设"空中庭院"。后期设计中，对设计方案进行了改进：将核心筒移到西侧，将南北两侧的"一"字形内廊式办公楼"张开"，转变为东西向"V"字形平面，然后将东西两侧的"空中庭院"合并到东侧，构成了一个大面积的庭院空间。空中庭院中间搭建连廊、下端为裙房屋顶，构成了一个以贯通主庭院、联合多个子庭院的庭院空间系统。

这种空间庭院的优势在于：第一，在天然采光方面有着明显的优势。空间庭院采取侧向天然采光，越靠近内侧，采光强度越弱。"V"形平面使得侧向采光口面积增加，这就可以提高侧向采光的进光量。第二，在空间布局方面有着明显优势。在垂直空间布局方面，采取分段式布局，在塔楼的第 5、12、18、23 层分别设置了 4 个空中庭院，主庭院位于第 5 层，与其他子庭院在空间上紧密联系。这种布局模式，可以使每层的人员均能方便地到达距离较近的空间庭院；在平面布局方面，是在两侧内廊式办公楼端头靠近垂直交通体的地方，设置空中庭院的入口，可以减少人们在水平、垂直交通间的转换。第三，在声学设计方面也有一定的优势。空中庭院的主要功能是为人们提供交流、沟通的场所。空间界面为平行的情况下，会出现驻波，导致局部区域内声音的加强，使得人们交流的时候会相互干扰。"V"形空间，使空间庭院的围合界面呈 45° 角相交，减少了驻波现象的出现。

第四章 绿色建筑设计管理

通过改变传统的设计方式，将其与绿色环保、低碳节能思想相结合，减少了建筑对能源与资源的消耗，降低了建筑行业对环境产生的负面影响，从而进一步提升整体的建筑设计水平，满足现阶段的发展需求，提供适应时代发展的优质建筑。

本章首先对绿色建筑设计做了简单的概述，并对绿色建筑设计的程序、绿色建筑设计相关案例进行分析和研究。

第一节　绿色建筑设计概述

一、绿色建筑设计与绿色节能建筑的关系

为了实现新形势下可持续发展的要求，应该在建筑物方面实现本身功能的多样化和节能环保。社会经济的发展带动了城市化的进程，人们生活水平和精神层面的提高，使得对建筑的要求越来越高。相对于以往的满足于居住的要求，现在人们对居住舒适度的要求越来越高。通常在建筑物中提高人们舒适度的主要途径就是空调、通风和照明等基础设施。在空调方面，通过多样化的空调功能和形式，能够对室内温度进行更好的调节；通过通风设施能够对室内的空气进行改善，使得人们能够呼吸到更加新鲜的空气；通过照明设施，能够对居民的视觉感受进行调节。应该对这几个方面进行重视，在节能建筑发展的过程中不断地提高建筑的舒适度。

建筑功能、节能和生态环境之间存在着一定的联系，它们之间相互影响，在进行绿色节能建筑设计的过程中应该加强对这三个方面关系的研究，通过绿色建筑设计实现绿色节能建筑的多样化的功能，以及能源的节约和环境的保护。只有对这三个方面之间的关系进行全面深刻的了解和认识，才能很好地进行绿色建筑设计，使得绿色节能建筑更加的完善。

二、绿色建筑设计的特点与原则

（一）绿色建筑设计的特点

基于绿色建筑设计的含义，可以看出绿色建筑设计至少有两个特点：一是在满足建筑

物的成本、功能、质量、耐久性要求的基础上，考虑建筑物的环境属性，也就是还要达到节能减排的要求；二是绿色建筑设计时所需要考虑的时间跨度较大，甚至贯穿于建筑的全寿命周期的所有环节。

（二）绿色建筑设计的原则

1. 经济可行原则

无论其他方面多么理想的绿色建筑设计，如果在经济评价上不尽如人意，就无法受到决策者的青睐，经济可行是建筑设计的基本原则。

2. 资源利用 4R 原则

建筑的建造和使用过程中涉及的资源主要包括能源、土地、材料、水，4R 原则即注重资源的减量（Reduce）、重用（Reuse）、循环（Recycle）和可再生（Renewable），是绿色建筑设计中资源利用的相关原则，每一项都必不可少。

3. 环境亲和原则

建筑领域的环境涵盖建筑室内外环境，环境亲和就是指绿色建筑设计既要满足室内环境的舒适度需求，还要保持室外的生态环境。

4. 社会可接受原则

优良的绿色建筑设计应该具有行业示范性，并且设计中能够尊重传统文化和发扬地方历史文化，注意与地域自然环境的结合，从而提高社会认可度。

综上所述，针对我国的绿色建筑发展历程，国内的绿色建筑设计还应该从我国现阶段具体国情出发。我国建筑业及相关产业耗能接近国民生产耗能的一半，无论是在建筑物的建造过程中，还是在建筑物的使用过程中，都有大量的能源和资源投入其中。而我国正经历城镇化和工业化的加速发展阶段，建筑业还将持续快速发展。因此，我们必须围绕低耗设计来发展我国绿色建筑设计：一方面在经济条件允许的范畴内，应该鼓励采用新材料、新技术和新工艺，达到减少资源使用和提高资源使用效率的双重目标；另一方面，坚持整体设计理念，注重相应技术准则。

三、绿色建筑设计的发展趋势

1. 发展配套变电站建设

不管是建设还是维护都存在较多问题，包含的影响因素也较多。因此具体施工中要将设计和施工技术等因素排除，还要将变电站所在位置的周围环境进行考量，全方位地将自然环境、人文环境进行考量，作为变电站建设的一个参数进行分析研究。变电站建设引进绿色发展和可持续发展，将建设新思路、保护环境、绿色发展进行开拓。作为一个长期综合性较强的过程，建设城市自身具有一定的规划和科学性，建设变电站依靠城市建设的脚步，发挥城市建设的优势，融合自身建设和城市建设，降低对周围环境的影响，做好发展和安全兼顾。

2. 以低能耗为核心发展我国绿色建筑

作为绿色建筑最为基本的标准是低能耗。想要保证设计和建设流程的低能耗，首先要做的就是树立低能耗的理念，保证这样的概念深入浅出地体现在有关的建筑设计当中；其次是提升投资分配的重视程度，重视装饰程度不能比产品内在性能高，不能只重视外表；最后要从细微处将建筑节能损耗降低，要将节能思想渗透到整个周期当中。

3. 绿色建筑设计逐渐系统化

城市建设不是独立的而是相互联系的。可是目前我国的城市建筑都各自独立，这样的大环境下，直接导致当前多种城市病的出现，可能出现交通拥堵或者环境恶化等。因此不能只是追求节能减排、保护资源，将这些因素排除之后，要更加关心绿色建筑的人文社会意义以及所在地方的经济文化特征。

4. 因地制宜

设计绿色建筑，因地制宜，从建筑施工的实际情况出发非常有必要。不同的气候条件和区域特征，要使用不同的绿色建筑设计思路和方式。绿色建筑的设计规划当中，综合上述因素，最大限度利用通风、集热方式，降低这些因素给建筑设计带来的不良影响。例如，在光照充足的地方加装太阳能使用设施能够很好地利用太阳能，降低能源消耗；常年温度比较低的地方，选择保温性能的墙体材料；在常年高温炎热的地方要将遮阳板进行仔细勘察和研究安装，达到降低太阳辐射的目标。

第二节 绿色建筑设计的程序

一、项目委托和设计前期的研究

绿色建筑工程项目的委托和设计前期研究是设计程序中的最初阶段。通常业主将绿色建筑设计项目委托给设计单位后，由建筑师组织协助业主进行此方面的现场调查研究工作。主要的工作内容是根据业主的要求和意图制定出建筑设计任务书，它包括以下几方面的内容：

1. 建筑基本功能的要求和绿色建筑设计的要求。

2. 建筑的规模、使用和运行管理的要求。

3. 基地周边的自然环境条件。

4. 基地的现状条件、给排水、电力、煤气等市政条件和城市交通条件。

5. 绿色建筑能源综合利用的条件。

6. 防火、抗震等专业要求的条件。

7. 区域性的社会人文、地理、气候等条件。

8. 建设周期和投资估算。

9. 经济利益和施工技术水平等要求的条件。

10. 项目所在地材料资源的条件。

根据绿色建筑设计任务书的要求，首先，设计单位要对绿色建筑设计项目进行正式立项，然后建筑师和设计师同业主对绿色建筑设计任务书中的要求详细地进行各方面的调查和分析，按照建筑设计法规的相关规定以及我国关于绿色建筑的相关规定进行有针对性的可行性研究，归纳总结出研究报告后，才可进入下阶段的设计工作。

二、方案设计阶段

根据业主的要求和绿色建筑设计任务书，建筑师要构思出多个设计方案草图提供给业主，针对每个设计方案的优缺点、可行性和绿色建筑性能与业主反复商讨，最终确定某个既能满足业主要求又符合建筑法规的相关规定的设计方案，并通过计算机辅助建筑设计制图、建筑效果图和建筑模型等表现手段，提供给业主设计成果图（方案设计图）。业主再把方案设计图和资料呈报给当地的城市规划管理局、消防局等有关部门进行审批确认（方案设计报批程序）。方案设计图包括以下几方面的内容：

1. 建筑设计方案说明书和建筑技术经济指标。

2. 方案设计的总平面图。

3. 各层平面图及主要的立面、剖面图。

4. 方案设计的建筑效果图和建筑模型。

5. 各专业的设计说明书和专业设备技术标准。

6. 建设工程的估算书。

三、初步设计阶段

方案设计图经过有关部门审查通过后，建筑师根据审批的意见建议和业主新的要求条件，参考《绿色建筑评价标准》中的相关内容，需对方案设计的内容进行相关的修改和调整，同时着手组织各技术专业的设计配合工作。在项目设计组安排就绪后，建筑师同各专业的设计师对设计技术方面的内容进行反复探讨和研究，并在相互提供各专业的技术设计要求和条件后，进行初步设计的制图工作（初步设计图）。初步设计图包括以下几方面的内容：

1. 初步设计建筑说明书。

2. 初步设计建筑总平面图（含总图专业的初步设计）。

3. 各层平面图和立面、剖面图。

4. 特殊部位的构造节点大样图。

5. 结构、给排水、暖通、强弱电、消防、煤气等专业的布置图和技术系统图，各专业的初步设计说明书。

6. 建设工程的概算书。

对于大型和复杂的建筑工程项目，初步设计完成后，在进入下阶段的设计工作之前，需要进行技术设计工作（技术设计阶段）。对于大部分的建筑工程项目，初步设计还需再次呈报当地的城市规划国土局和消防局等有关部门进行审批确认（初步设计报批程序）。在我国标准的建筑设计程序中，阶段性的审查报批是不可缺少的重要环节，如审批未通过或设计图中仍存在着技术问题，设计单位将无法进入下阶段的设计工作。

四、施工图设计阶段

根据初步设计的审查意见建议和业主新的要求条件，设计单位的设计人员对初步设计的内容需要进行修改和调整，在设计原则和设计技术等方面，如各专业间基本没有太大问题，就要着手准备进行详细的实施设计工作，也就是施工图的设计。施工图设计包括以下几方面内容：

1. 建筑设计施工图

（1）建筑施工图设计说明书、材料做法表和经济技术指标。

（2）建筑总平面图和绿化庭院配置设计图（含总图专业的竖向设计和管线综合设计）。

（3）各层平面图、立面图和剖面图。

（4）节点大样图和局部平面详图。

（5）单元平面详图和特殊部位详图。

（6）建筑门窗立面图和门窗表。

2. 结构设计施工图

（1）结构设计说明和施工构造做法。

（2）结构设计计算书。

（3）结构设计施工详图。

3. 给排水、暖通设计施工图

（1）给排水、暖通施工图设计说明和设备明细表。

（2）给排水、暖通施工图设计的计算书。

（3）给排水、暖通施工设计系统图。

（4）消防、煤气等特殊专业的施工设计系统图。

4. 强弱电设计施工图

（1）强弱电施工图设计说明和设备明细表。

（2）强弱电施工图设计计算书。

（3）强弱电施工设计系统图。

（4）智能化管理系统和消防安全等专业施工设计系统图。

5. 建设工程的预算书

各专业的施工图设计完成后，业主再次呈报给当地的城市规划国土局和消防局等有关部门进行审查报批（施工图设计报批程序），获得通过并取得施工许可证资格后，着手组织施工单位的投标工作，中标的施工单位才可进入现场进行施工前的准备。

五、施工现场的服务和配合

在施工的准备过程中，建筑师和各专业设计师首先要向施工单位对施工设计图、施工要求和构造作法进行交底说明。有时施工单位对设计会提出合理化的建议和意见，设计单位就要对施工图的设计内容进行局部的调整和修改，通常采用现场变更单的方式来解决图纸中设计不完善的问题。另外建筑师和各专业设计师按照施工进度会不定期地去现场对施工单位进行指导和查验工作，这也就达到了施工现场服务和配合的效果。

六、竣工验收和工程回访

依照国家建设法规的相关规定，建筑施工完成后，设计单位的设计人员要同有关管理部门和业主对建筑工程进行竣工验收和检查，竣工验收合格后，建筑物方可正式投入使用。在使用过程中设计单位要对项目工程进行多次回访，并在建筑物使用一年后再次总回访，目的是听取业主和使用者对设计和施工等技术方面的意见和建议，为设计业务积累宝贵经验，使建筑师和设计师的设计水平在日后得以提高，这样也可完善建筑设计程序的整个过程。

第三节　绿色建筑设计案例

一、德国柏林新国会大厦

柏林新国会大厦是由建筑师诺曼·福斯特（Norman Foster）设计的，并于20世纪90年代末正式投入使用。

该建筑在设计中便融入了绿色建筑的设计理念，采用了多项绿色建筑技术和结构创新。其中在建筑室外环境系统处理中，在保留原有建筑，不改变历史性建筑外貌的同时，对内部空间进行了适合新功能的调整设计。

该设计在中央穹顶的位置设置了一个钢结构支撑的玻璃穹顶，并且在内部设计了一个倒锥体的玻璃空间。其作用不仅仅是为了美观和空间变化丰富，也是为了过滤自然光和实现自然通风而当成管井一样使用。还在周边设置了供游客参观的螺旋上升坡道，加强了室内外景观的结合程度。在外围护结构中，由于原有建筑使用厚重的石砌蓄热墙，可以起到调控室内温度的作用，所以玻璃穹顶结合表层需要做到的便是充分利用自然光和自然风，以减少机械通风和人工照明的能耗。其中，由于倒锥体是接通室外的一个构件，所以可以起到收集和排放室内废气的作用，并且通过室内各系统间的热交换和聚合，回收建筑余热和废热加以利用。在玻璃穹顶外侧贴附安装了100多块太阳能光伏电池板，可以转化太阳能减轻室内的电力能耗。在其他能源利用方面，建筑还利用了地下水恒温的特点，间歇性抽取地下水作为冬季热源，在夏季通过水蓄冷的形式提供冷源。玻璃穹顶的另一个重要功能是解决了建筑室内调控的问题。穹顶的内部安装了玻璃反射板，可以将自然光以漫射的形式入射到大厅内部，并且其翼侧的盾形遮阳设备可以随太阳的运动轨迹和太阳辐射的变化，进行周期性和实时的调整。

二、上海卢湾滨江 CBD 绿地集团总部大楼

（一）项目概况

绿地集团总部大楼位于上海市黄浦区南端黄浦江畔，与周边的精品商业、5A 级办公楼、高档滨江豪宅以及万豪五星级酒店一起，共同打造出了"海外滩中心"的概念。

绿地集团总部大楼属于"上海外滩中心"的核心项目，北邻上海市主要的交通环线——内环线，南边与黄浦江江畔的滨江绿地相邻，东面紧接着南园公园，隔江还与上海世博我国馆、演艺中心遥相辉映，是绿地集团的"世博企业馆"，也成了卢浦大桥脚下的新风景。绿地集团总部大楼的外形典雅，室内外的设计全部由美国顶尖设计公司完成。为了不打破世博区域两岸的秩序感，设计师将这里打造成自然亲和的都市绿色空间。

在上海这个土地资源稀缺的城市，黄浦江沿岸土地资源稀缺尤为严重，绿地集团总部大楼不但紧邻黄浦江，更是独一无二能够坐北朝南地观江看景，加上东面的南园公园和滨江绿带，绿地集团总部大楼的周边自然环境可谓是得天独厚。绿地集团总部大楼因地制宜，结合上海气候人文状况，以打造绿色建筑、低碳办公为目标进行项目技术体系设计。目前本项目是上海地区唯一同时获得绿色建筑三星级设计标识和 LEED-CS 金级认证的项目。可以说，本项目是黄浦江边最环保的"绿色"地标。

（二）绿色设计

1. 高性能的围护结构设计

绿地集团总部大楼整体采用高性能的围护结构，外墙采用 40mm 挤塑聚苯板，屋面采用 60mm 挤塑聚苯板，幕墙中非透明玻璃幕墙采用 50mm 防火岩棉，透明玻璃幕墙采用双层中空低辐射镀膜玻璃，热工性能均优于国家标准，更加有利于节能减排；建筑外部采用了多种不同形式的建筑外遮阳体系，包括活动卷帘遮阳、天窗机翼遮阳、固定百叶遮阳以及建筑构件遮阳。地上第 5 层全部采用铝合金材质的活动百叶卷帘外遮阳，地上第 4 层在东、南、西向设置了垂直百叶遮阳。铝合金机翼活动外遮阳以及中庭透明屋顶铝合金机翼活动外遮阳均采用自动控制技术，根据遮阳的时间表进行自动控制设定。

2. 场地的可持续利用策略

绿地集团总部大楼占地面积为 8681m²，总建筑面积约 40000m²，其土地开发强度要求比较高。整幢建筑地上共 5 层，地下共 3 层。地上 1~3 层为"海外滩中心"的商业百货，

4层为绿地集团的大开间办公室以及中庭，5层为绿地集团的领导办公室，屋顶为绿色花园；地下1层为绿地集团的员工食堂以及停车库，地下2~3层为停车库以及设备用房。

为了更好地体现建筑的绿色理念，绿化设计将中心庭院、室内水系、绿地以及屋顶花园进行完美组合，弧形的转角建筑设计使滨江空间完全释放从而形成丰富的立体景观，整幢建筑呈现出盎然生机。在绿化方式上，设计考虑了屋顶绿化和垂直绿化。在屋顶，除设备占地之外，100%的空间采用绿化屋面，改善了屋顶的保温隔热效果；建筑内的中心庭院，种植了翠竹和若干灌木，营造局部良好的微气候环境；地下车库的入口处，也结合建筑布置了垂直绿化，从而使得本项目的总绿地面积达到了2800m²。再结合本地物种的种植，使得整个项目常年青翠、清幽宜人。

为了降低可能存在的光污染，绿地集团总部大楼全部采用低辐射中空玻璃窗（可见光透射比为0.60，可见光反射比为0.15）；同时在幕墙与道路之间设计了乔、灌、草等多种绿化方式进行遮挡，防止触及底层入眼视线。

为了增加地下水的渗透，减轻市政用水压力，缓解热岛效应，本项目的外场地大面积的采用绿地、植草砖等类型的透水地面，透水地面的面积占到了室外地面总面积的41.05%。

3. 节水技术应用策略

上海属亚热带海洋性季风气候，主要气候特征是：春天温暖、夏天炎热、秋天凉爽、冬天阴冷，季节分配比较均匀，四季分明，温和湿润，全年降雨充沛，降雨量1064.5mm，适合雨水收集再利用。

绿地集团总部大楼采用雨水、中水综合利用系统，对屋面雨水进行收集，雨水处理后用于景观水补充、绿化、道路喷洒及冷却塔冷却循环水补给；中水则用作冲厕水源，市政水源作为补水。为了保证水质，综合设置了水质监测装置，当水质无法达到回用要求时，中水出水阀门旁通回流至调节池，雨水出水阀门旁通回流至雨水收集池，分别进入水处理系统再次处理，且自动切换水源，采用自来水供水，并发出报警信号，保障了用水的安全。

根据计算，年用水量总计约16553t。中水与雨水年利用量分别为4802t和1926t，非传统水源利用率达到了40.65%。绿地集团总部大楼的卫生器具全部采用节水器具，节水率最低为8%。绿地集团总部大楼的所有绿化浇灌均采用喷灌与微灌相结合的自动控制系统。

4. 自然通风设计

本项目紧邻黄浦江，四季风力比较大，可以充分地利用自然通风。因此在设计之初，充分考虑采用多种方式进行自然通风。绿地集团总部大楼地上4~5层设计有大面积的中庭及天窗，项目所有外窗的可开启面积达到了41.02%，幕墙可开启面积大于13.35%，有利于室内的自然通风，在过渡季节能够引导自然风的流动，具有很好的通风效果，满足人体舒适度要求。根据预测，通风量可以达到14.5~33m³/s。

5. 照明节能设计

为了充分地利用自然光，在中庭的上部设置了透明天窗，天窗可以为地上5层

45.48% 的区域提供 300lux 以上的自然采光；为地上 4 层 38.92% 的区域提供 300lux 以上的自然采光。需要照明的区域采用 T5 节能灯；人员流动较少的公共区域采用多种控制方式控制照明灯具，如楼梯间采用声音控制开关来控制照明灯具，非工作时间的公共区域（如茶水间以及走廊）采用红外感应装置控制照明灯具，实现了只有人员经过的时候，才自动开启照明。

本项目作为集团总部大楼，与各地区分公司的联系会议很多，考虑到会议的持续时间长，会议室安装了智能化设备，能够根据环境照度自动进行调光，并根据不同模式（如会议、展示）来智能控制照度，避免了能源的浪费。

6. 节能设备设计

在整个设计的过程中，从设备的型号选用、传输方式到末端调节等多个环节均考虑到了节能设计。

绿地集团总部大楼的空调冷源采用高效的地源热泵机组（COP5.63）及螺杆冷水机组（COP5.33），热源为地源热泵机组（COP5.02）。

空调系统在考虑部分负荷工况的高效运行（地源热泵 IPLV 高达 7.12，螺杆冷水机组 IPLV 高达 6.76）条件下，结合功能不同，采用高效的风机、水泵，从输配系统上降低空调能耗。绿地集团总部大楼在设计的过程中，设置了全热回收装置，4 套新风系统的新风量合计为 41840m³/h，对排风中的能量加以回收利用，全热回收效率大于 60%；设置了不同的空调分区，采用变风量空调系统；在过渡季节采用全新风或增大新风比运行；在末端采用变风量地板送风空调系统，综合节省空气处理所需消耗的能量。

7. 清洁、可再生能源利用

绿地集团总部大楼在设计过程中，考虑应用了目前技术较成熟的地源热泵及太阳能发电系统。空调的冷源及热源均采用了高效的地源热泵机组，地下埋管换热器采用垂直埋管，孔内采用单 U 形连接，共计打孔 345 个，深度为 90m。在绿地集团总部大楼地上 5 层的屋顶，还布置了太阳能光伏发电设备，利用太阳能这种可再生能源来降低能耗。整个太阳能面板的面积约 12m²，产生的电量主要用于屋顶外遮阳的控制。

8. 建筑智能节能设计

绿地集团总部大楼在设计的过程中，考虑到本项目主要的功能为办公，为了更好地保证办公室、会议室的空气质量，避免空气中有害气体超标，因此在设计时所有的新风管安装了新风流量计，并且在室内人员密集区域（会议室、餐厅等）安装 CO_2 感应器，当 CO_2 浓度超标时报警，同时启动新风通风进行调节。

9. 人性化办公空间

在绿地集团总部大楼的设计中，办公层设计了专门的吸烟室以及配套的排烟系统来控制烟气，保证室内的环境具有良好的空气质量；室内装修严格选用低放射物质及低 VOC 含量的密封剂、黏结剂、地毯等物质。

在绿地集团总部大楼的设计中，非常注重对内部的热环境进行调节，从温度、湿度、自然采光及视野等几方面来尽量满足人体舒适度的要求。可调节地板送风系统可以根据个人不同的需求调整送风的温度和速度，提供优质的个人微环境；地上4~5层的办公间内隔墙采用大量的玻璃隔断设计，增强了室内房间的透光性，有利于室内的自然采光，使得几乎所有的常用空间均可以使用日光照明，提升了办公人员的工作效率；所有常用空间都可以有开阔的视野、通风的门窗，能够在温度适宜的春秋季打开门窗，让新鲜空气进入室内。

10. 材料、资源与室内环境质量

绿地集团总部大楼在施工过程中，重视回收原有材料再利用，鼓励最大限度利用施工、旧建筑拆除和场地清理时的固体废弃物，将回收材料重新使用。根据统计，本项目中再利用、可再循环材料的回收利用率大于30%。大楼在建筑设计选材时，充分考虑使用材料的可再循环使用性能。根据统计，建筑材料总重量为89355t，可再循环材料重量为9093t，可再循环材料使用重量占所用建筑材料总重量的10.3%。

绿地集团总部大楼事先统一进行建筑构件上的孔洞预留和装修面层固定件的预埋，避免了装修施工阶段对已有建筑构件的打凿、穿孔。地上4~5层的办公室使用便于拆卸的玻璃隔断和轻质龙骨石膏板墙来隔断不同的区域，进一步降低了材料的损耗。

11. 先进科学的管理监控体系

绿地集团总部大楼设置了先进的楼宇自动控制系统（BAS），对冷热源设备、通风设备、空调设备、动力设备和照明设备等运行状况进行监控、故障报警及启停，并对关键数据进行实时采集并记录、处理、显示。

12. 绿色建筑实施效果

本项目建成后，地板送风系统使办公人员感觉更为舒适；室内的自然采光明亮，室内环境质量更优，有利于提高办公人员的工作效率，而且本项目作为上海唯一同时获得绿色建筑三星级设计标识和LEED-CS金级认证的项目，对上海乃至整个华东地区都有很强的示范作用。

第五章 工程项目绿色施工

绿色施工创新管理需要在工程项目中明确绿色施工的任务，在施工组织设计、绿色施工专项方案中做好绿色施工策划，在项目运行中有效实施并全程监控绿色施工，在绿色施工中严格按照 PDCA 循环持续改进，最终保障绿色施工取得成效。基于此，本章将对工程项目绿色施工进行阐述。

第一节 绿色施工的任务

近些年，我国建筑行业的迅速发展有目共睹，建筑行业面临着更加繁重且高质量的要求，我国建筑企业需要加强对施工的管理工作，不断提高管理水平，保证建筑工程施工能够满足实际需要。我国目前面临着日渐严重的环境和能源问题，为了降低对环境的破坏，提升资源利用效率，建筑行业应当坚持绿色环保理念，加强对环境的保护。

一、概述

在工程项目建设中实施绿色施工，需要将绿色施工的理念、思想方法贯穿于工程施工的全过程，确保在施工过程中能够更好地提高资源利用率并保护环境。

二、管理方针

1. 绿色施工需要遵守现行的法律、法规和合同，满足顾客及其他方的相关要求，持续改进，以实现绿色施工承诺。

2. 绿色施工管理应适合工程的施工特点和本单位的实际情况。

3. 绿色施工管理能为制定管理目标和指标提供总体要求。

4. 其所对应的制定过程应该以文件、会议、网络等形式与员工协商，形成正式文件并予以发布。

5. 通过墙报、网站等多种形式对其进行广泛宣传，并传达至全体员工。

6. 付诸实施，并根据情况的变化进行评审与更新。

三、明确目标

工程项目要在绿色施工管理方针的指导下，根据企业和项目的实际情况制定具体的绿色施工目标，明确绿色施工任务，进行绿色施工策划、实施、控制和评价，通过对施工策划、材料采购、现场施工、工程验收等各个关键环节加强控制，实现绿色施工目标和任务。

四、主要任务

《绿色施工导则》中构建的绿色施工总体框架由施工管理、环境保护、节材与材料资源利用、节水与水资源利用、节能与能源利用、节地与施工用地保护六个方面组成。这六个方面涵盖了绿色施工的基本指标，同时包含施工策划、材料采购、现场施工、工程验收等各阶段指标的子集。其中，环境保护可分解为扬尘控制、噪声振动控制、光污染控制、水污染控制、建筑垃圾控制、土壤保护和地下设施、文物和资源保护；节材与材料资源利用主要包括节材措施、结构材料、围护材料、装饰装修材料、周转材料等方面；节水与水资源利用主要包括提高用水效率、非传统水源利用和安全用水等方面；节能与能源利用主要包括机械设备与机具节能，生产、生活及办公临时设施节能和施工用电及照明节能；节地与施工用地保护主要包括临时用地指标、临时用地保护和施工总平面布置三方面任务；绿色施工管理运行系统包括绿色施工策划、绿色施工实施、绿色施工评价等环节，其内容涉及绿色施工组织管理、规划管理、实施管理、评价管理和人员安全与健康管理等若干方面。以上六方面涵盖了绿色施工的基本内容。

第二节　绿色施工的策划

绿色施工策划主要是在明确绿色施工目标和任务的基础上，进行绿色施工组织管理和绿色施工实施的策划，必须要明确其所对应的指导思想、绿色施工的影响因素、组织管理策划和所对应的策划文件等内容。

一、指导思想

绿色施工应按照计划工作体现"5W2H"的指导原则，其策划是对绿色施工的目的、内容、实施方式、组织安排等在空间和时间上的配置的确定，以保证项目施工实现"四节一环保"的管理目标，因此，绿色施工的指导思想是以实现"四节一环保"为目标，以《建筑工程绿色施工评价标准》（GB/T 50640）等相关规范标准为依据，紧密结合工程实际，确定工程项目绿色施工各阶段的方案与要求，组织管理保障措施和绿色施工保证措施等内容，以实现有效指导绿色施工实施的目的。

二、基本思路和方法

　　绿色施工策划的基本思路和方法可以参考计划制订法，即"5W2H"分析法，该方法简单、方便，易于理解和使用，富有启发意义，也有利于考虑问题的疏漏。

　　"5W2H"即 What、Who、Why、When、Where 和 How、How much。应用"5W2H"的方法开展绿色施工策划，可有效保证策划方案能够从多个维度保证绿色施工的全面落实。其所对应的策划流程可以分解为：第一步：影响因素调查和分析；第二步：归纳和系统化研究；第三步：绿色施工对策的制定；第四步：绿色施工组织设计和绿色专项施工方案的制定；第五步：绿色施工评价方案的制定；第六步：结合分步分项工程进行绿色施工技术交底。

三、绿色施工影响因素

　　绿色施工影响因素可以参考影响因素识别、影响因素分析和评价、对策的制定等步骤进行，具体展开为下列三个方面：

　　1. 影响因素识别

　　参考风险管理理论方法，可采取模拟分析法、统计数据法和专家经验法等来识别绿色施工影响因素。模拟分析法主要针对庞大复杂、涉及因素多、因素之间的关联性复杂的大型工程项目，可以借助于系统分析的方法，构建模拟模型，通过系统模拟识别并评价绿色施工影响因素。统计数据法主要是指企业层面可以按照主要分部分项工程结合项目所在区域、结构形式等因素，对施工各环节的绿色施工影响因素进行识别和归类，通过大量收集、归纳和统计相关数据与信息，能够为后续工程绿色施工因素识别提供信息积累。专家经验法主要是指借助专家的经验知识等分析工程施工各环节的绿色施工影响因素，这在实践中是非常简便有效的方法。因此，绿色施工影响因素识别是制定绿色施工策划文件的前提，也是极其重要的方面。

　　2. 影响因素分析和评价

　　在绿色施工影响因素识别完成后，应对绿色施工影响因素进行分析和评价，以确定其影响程度的大小和发生的概率等，在统计数据丰富的条件下，可以利用统计数据进行定量分析和评价，一般情况下可以借助专家经验进行评价。

　　3. 对策的制定

　　根据绿色施工影响因素识别和评价的结果可以制定治理措施，所制定的治理措施要在绿色施工策划文件中予以体现，并将相应的落实责任、监管责任等依托项目管理体系予以落实。对那些环境危害小、容易控制的影响因素可采取一般措施，对那些环境危害大的影响因素要制定严密的控制措施并强化落实与监管。

四、绿色施工组织管理策划

1. 以目标管理为指导的组织方式

以推进绿色施工实施为目标，将实现绿色施工的各项目标及责任进行分解，建立"横向到边"和"纵向到底"的岗位责任体系，建立责任落实与实施的考核节点，建立目标实现的激励制度，结合绿色施工评价的要求，通过项目目标管理的若干环节控制以促使绿色施工落实。该方式任务明确，强调自我管理与控制，来形成良好的激励机制，有利于绿色施工齐抓共管和全员参与，但尚需建立完整的考核与沟通机制，以便实现绿色施工本身的要求。

2. 将监督管理责任分配到特定部门的组织方式

绿色施工主要针对资源节约和环境保护等要素进行施工活动，在施工中传统的材料管理、施工组织设计等环节比较重视对资源的节约，但对绿色施工要求的资源高效利用和有效保护的重视是不够的，特别是对绿色施工强调的施工现场及周边环境保护和场内外工作人员安全、健康顾及较少，而将绿色施工监管的责任落实到质量安全管理部门的做法具有一定的借鉴性。因此，将环境管理的职责明确到安全部门的责任分配方式，相比成立"绿色施工委员会"的方式，可使责任更加清晰，相应的管理任务更能得到清晰的贯彻和落实，因此，采用这样的组织责任分配方式更加合理，但该方式存在着横向沟通弱、相关方参与不充分的缺陷。

3. 绿色施工委员会的组织方式

项目中成立"绿色施工委员会"，可以广泛吸纳项目各相关方的参与，在各部门中任命相关绿色施工联系人，负责对本部门绿色施工相关任务的处理，对内指导具体实施，对外履行和其他相关部门的沟通，将各部门不同层次的人员融入绿色施工管理中。为实现良好沟通，项目部和绿色施工委员会应该设置专人负责协调、沟通和监控，可以邀请外部专家作为委员会顾问，促使绿色施工顺利实施。

该组织方式有助于发挥部门间的协调功能，有助于民主管理和维护各方利益，有助于更好地集思广益，而存在的不足主要体现在以下方面：

（1）消耗的时间比较多。

（2）成员之间容易妥协和犹豫不决。

（3）职责分离易导致责任感下降。

（4）个别人的行为可能影响民主管理。

同时，这种方式存在着成本管理过高、职责不够清晰等缺陷，在使用过程中应辩证使用。在实践中应根据企业和项目的组织体系特点来选择组织方式，可以探索成立"绿色施工员协会"，或者采取以目标管理原理为指导的组织方式与设置专职管理部门相结合的方法。

五、绿色施工策划文件

1. 绿色施工策划文件种类

绿色施工策划融入工程项目施工整体策划体系，既可以保证绿色施工有效实施，又可以很好地保持项目策划体系的统一性。绿色施工策划文件包括两大等效体系：

（1）绿色施工专项方案体系，即由传统施工组织设计结合施工方案、绿色施工专项方案、绿色施工技术交底等部分组成。

（2）绿色施工组织设计体系，即绿色施工组织设计结合施工方案、技术交底等部分组成。

两类绿色施工策划文件各有特色，对比而言绿色施工组织设计体系有利于文件简化，可使绿色施工策划文件与传统策划文件合二为一，最终有利于绿色施工实施。

2. 绿色施工专项方案文件体系

工程实施中要求项目部相关人员同时对两个文件内容进行认真研究，并形成新的技术交底文件以付诸实施，该文件体系容易造成相互矛盾与重叠的情况，客观上增加了一线施工管理的工作量，因此不利于绿色施工的高效开展。

3. 绿色施工组织设计文件体系

绿色施工组织设计文件体系编制的基本思路是以传统施工组织设计的内容要求和组织结构为基础，将绿色施工的目标、原则、指导思想、内容要求及治理措施等融入其中，以形成绿色施工的一体化策划文件体系。该策划思路更有利于工程项目绿色施工的推进和实施，但将上述要素真正融入施工部署、平面布置和各个分部分项工程施工的各个环节中，还需要进行各个层面的绿色施工影响因素分析，建立完整的管理思路和工艺技术。该绿色施工组织设计文件的编制工作具有一定的难度，但非常实用。

第三节 绿色施工技术的实施管理

绿色施工的实施是一个复杂的系统工程，需要在管理层面充分发挥计划、组织、领导和控制职能，包括建立系统的管理体系，明确第一责任人；持续改进；合理协调；强化检查和监督等相关内容。

一、建立系统的管理体系

面对不同的施工对象，绿色施工管理体系可能会有所不同，但其实现绿色施工过程受控的主要目的是一致的，覆盖施工企业和工程项目绿色施工管理体系的两个层面要求是不变的。因此，工程项目绿色施工管理体系应成为企业和项目管理体系有机整体的重要组成部分，包括制定、实施、评审和保障实现绿色施工目标所需的组织机构及职责分工、规划活动、相关制度、流程和资源分组等，主要由组织管理体系和监督控制体系构成。

1. 组织管理体系

在组织管理体系中要确定绿色施工的相关组织机构和责任分工，明确项目经理为第一责任人，使绿色施工的各项工作任务由明确的部门和岗位来承担。例如，某工程项目为了更好地推进绿色施工，建立了一套完备的组织管理体系，成立由项目经理、项目副经理、项目总工程师为正副组长及各部门负责人构成的绿色施工领导小组；明确由组长（项目经理）作为第一责任人，全面统筹绿色施工的策划、实施、评价等工作；由副组长（项目副经理）进行绿色施工的推进，负责批次、阶段和单位工程评价组织等工作；另一副组长（项目总工程师）负责绿色施工组织设计、绿色施工方案或绿色施工专项方案的编制，指导绿色施工在工程中的实施；同时，明确由质量与安全部负责项目部绿色施工日常监督工作。根据绿色施工涉及的技术、材料、能源机械、行政后勤、安全、环保及劳务等各个职能系统的特点，把绿色施工的相关责任落实到工程项目的每个部门和岗位，做到全体成员分工负责、齐抓共管，把绿色施工与全体成员的具体工作联系起来，系统考核、综合激励，最后取得良好效果。

2. 监督控制体系

绿色施工需要强化计划与监督控制，有力的监控体系是实现绿色施工的重要保障。在管理流程上，绿色施工必须经历策划、实施、检查与评价等环节。绿色施工要经过监控，测量实施效果并提出改进意见。绿色施工是过程，过程完成后绿色施工的实施效果就难以准确测量。因此，工程项目绿色施工需要强化过程监督与控制，建立监督控制体系，体系的构建应由建设、监理和施工等单位构成。共同参与绿色施工的批次、阶段和单位工程评价及施工过程的见证。在工程项目施工中，施工方、监理方要重视日常检查和监督，依据实际状况与评价指标的要求严格控制，通过 PDCA 循环促进持续改进，提升绿色施工实施水平，而监督控制体系要充分发挥其监控职能，使绿色施工扎实进行以保障相应目标实现。明确项目经理是绿色施工第一负责人，以加强绿色施工管理。施工中存在的环保意识不强、绿色施工措施落实不到位等问题，是制约绿色施工有效实施的关键问题，同时应明确工程项目经理为绿色施工的第一责任人，由项目经理全面负责绿色施工，承担工程项目绿色施工推进责任。只有这样，工程项目绿色施工才能落到实处，才能调动和整合项目内外资源，在工程项目部建成全项目、全员推进绿色施工的良好氛围。

二、绿色施工技术实施中的持续改进

绿色施工推进应遵循管理学中通用的 PDCA 原理。PDCA 原理，又名 PDCA 循环，也叫戴明环，是管理学中的一个通用模型。PDCA 原理适用于一切管理活动，它是能使任何一项活动有效进行的一种合乎逻辑的工作程序，其中 P、D、C、A 四个英文字母所代表的意义如下：

1.P（Plan）——计划，包括方针和目标的确定以及活动计划的制订。

2.D（Do）——执行，执行就是具体运作，实现计划中的内容。

3.C（Check）——检查，就是要总结执行计划的结果，分清对错，明确效果并找出问题。

4.A（Act）——处理，对检查的结果进行处理，认可或否定。对成功的经验要加以肯定，或者模式化、标准化加以适当推广；对失败的教训要加以总结，引起重现，这一轮未解决的问题放到下一个 PDCA 循环。

PDCA 循环可以使我们的思想方法和工作步骤更加条理化、系统化、图像化和科学化，其具有如下特点：

（1）大环套小环、小环保大环、推动大循环

PDCA 循环作为管理的基本方法，适用于整个工程项目的绿色施工管理。整个工程项目绿色施工管理本身形成一个 PDCA 小循环，内部嵌套着各部门绿色施工管理 PDCA 小循环，层层循环，形成大环套小环、小环里面又套更小的环，而大环是小环的母体和依据、小环是大环的分解和保证，通过循环把绿色施工的各项工作有机地联系起来，最终彼此协同并互相促进。

（2）不断前进和不断提高

PDCA 循环就像爬楼梯一样，一个循环运转结束，绿色施工的水平就会提高一步，然后再制定下一个循环，再运转、再提高，不断前进和不断提高。

（3）门路式上升

PDCA 循环不是在同一水平上循环，每循环一次，就解决一部分问题，取得一部分成果，工作就前进一步，水平就提高一步。每通过一次 PDCA 循环，都要进行总结并提出新目标，再进行第二次 PDCA 循环以使绿色施工的"车轮"向前滚动。

绿色施工持续改进（PDCA 循环）的基本阶段和步骤如下：

（1）计划阶段（P）

计划阶段即根据绿色施工的要求和组织方针，提出工程项目绿色施工的基本目标。

步骤一：明确"四节一环保"的主题要求。绿色施工以施工过程有效实现"四节一环保"为前提，这也是绿色施工的导向和相关决策的依据。

步骤二：设定绿色施工应达到的目标。绿色施工所要做到的内容和达到的标准，目标可以是定性与定量结合的，能够用数量来表示的指标要尽可能量化，不能用数量来表示的指标也要明确。目标是用来衡量实际效果的指标，所以设定应该有依据，要通过充分的现状调查和比较来获得。《建筑工程绿色施工评价标准》（GB/T 50640）提供了绿色施工的衡量指标体系，工程项目要结合自身能力和项目总体要求，具体确定实现各个指标的程度与水平。

步骤三：策划绿色施工有关的各种方案并确定最佳方案。针对工程项目，绿色施工的可行方案有很多，然而现实条件中不可能把所有想到的方案都实施，所以提出各种方案后优选并确定出最佳的方案是比较有效的方法。

步骤四：制定对策并细化分解策划方案。有了好的方案，其中的细节也不能忽视，计划的内容如何完成好，需要将方案步骤具体化，逐一制定对策，明确回答出方案中的"5W2H"：为什么制定该措施（Why）？达到什么目标（What）？在何处执行（Where）？由谁负责完

成（Who）？什么时间完成（When）？如何完成（How）？花费多少（How much）？

（2）实施阶段（D）

实施阶段即按照绿色施工的策划方案，在实施的基础上努力实现预期目标的过程。

步骤五：绿色施工实施过程的测量与监督。对策制定完成后就进入了具体实施阶段，在这一阶段除了按计划和方案实施外，还必须要对过程进行测量以确保工作能够按计划进度实施，同时通过数据采集建立原始记录和数据等项目文档。

（3）检查效果阶段（C）

检查效果阶段即确认绿色施工的实施是否达到了预定目标。

步骤六：绿色施工的效果检查。方案是否有效、目标是否完成，需要进行效果检查后才能得出结论。将采取的对策进行确认后，对采集到的证据进行总结分析，把完成情况同目标值进行比较，看是否达到了预定的目标。如果没有出现预期的效果，并且确认是严格按照计划实施对策的，则意味着对策失败，那就要重新进行最佳方案的确定。

（4）处理阶段（A）

步骤七：标准化。对已被证明的有成效的绿色施工措施，要进行标准化，制定成工作标准以便在企业中执行和推广，并最终转化为施工企业的组织过程资产。

步骤八：问题总结。对绿色施工方案中效果不显著的或实施过程中出现的问题进行总结，为开展新一轮的 PDCA 循环提供依据。总之，绿色施工通过实施 PDCA 管理循环，能实现自主性的工作改进，绿色施工起始的计划（P）实际为工程项目绿色施工组织设计、施工方案或绿色专项施工方案，应通过实施（D）和检查（C）发现问题，制定改进方案来形成恰当处理意见（A），以指导新的 PDCA 循环并实现新的提升。如此循环，持续提高绿色施工的水平。

三、绿色施工中的协调与调度

为保证绿色施工目标的实现，在施工过程中要高度重视施工调度与协调管理，应对施工现场进行统一调度、统一安排与协调管理，严格按照策划方案，精心组织施工，确保有计划、有步骤地实现绿色施工的各项目标。

绿色施工是工程施工的"升级版"，应该特别重视施工过程的协调和调度，建立起以项目经理为核心的调度体系，及时反馈上级及建设单位的意见，处理绿色施工中出现的问题并及时加以落实和执行，实现各种现场资源的高效利用。

工程项目绿色施工总调度应由项目经理担任，负责绿色施工的总协调，确保施工过程达到绿色合格水平以上，施工现场总调度的职责如下：

1. 定期召开有建设单位、上级职能部门、设计单位、监理单位的协调会，解决绿色施工疑问和难点。

2. 监督、检查绿色施工方案的执行情况，负责人力、物力的综合平衡，促进生产活动的正常进行。

3.定期组织召开各专业管理人员及作业班组长参加的会议，分析整个工程的进度、成本计划、质量、安全、绿色施工的执行情况，使项目策划的内容准确落实到项目实施中。

4.指派专人负责，协调各专业工长的工作，组织好各分部分项工程的施工衔接，协调穿插作业，保证施工的条理化和程序化。

5.施工组织协调建立在计划和目标管理的基础上，根据绿色施工策划文件与工程有关的经济技术文件进行，指挥调度必须准确、及时和果断。

6.建立与建设单位、监理单位在计划管理、技术质量管理和资金管理等方面的协调配合措施。

四、检查与监测

绿色施工过程中应注重检查和监测，包括日常检查、定期检查与监测，其目的是检查绿色施工的总体实施情况，测量绿色施工目标的完成情况和效果，为后续施工提供改进和提升的依据和方向。检查与监测的手段可以是定性的，也可以是定量的。工程项目可以针对绿色施工制定季度检、月检、周检、日检等不同频率周期的检查制度，周检、日检要侧重于工长和班组长层面，月检、周检应侧重于项目部层面，季度检可侧重于企业或分公司层面；应在策划书中明确监测内容，应该针对不同监测项目建立监测制度，应采取措施保证监测数据准确以满足绿色施工的内外评价要求。

第四节　绿色施工技术的评价

绿色施工评价是衡量绿色施工实施水平的标尺，在国内从开始重视绿色施工到推出绿色施工评价标准经历了较长的阶段。可见，绿色施工评价是一项复杂的系统性较强的工作，贯穿于绿色施工的全过程，涉及的评价要素和评价点众多，工程项目特色各异，所处环境千差万别，且需要系统的策划、组织和实施。

一、评价策划

绿色施工评价分为要素评价、批次评价、阶段评价和单位工程评价，绿色施工评价应在施工项目部自检的基础上进行，绿色施工评价是系统工程，也是工程项目管理的重要内容，需要通过应用"5W2H"的方法，明确绿色施工评价的目的、主体、对象、时间和方法等关键点。

二、评价的总体框架

绿色施工评价的主要内容如下：评价阶段宜按照地基与基础工程、结构工程、装饰装修与机电安装工程进行。评价要素应该由控制项、一般项和优选项三类评价指标组成。要素评价控制项为必须达到要求的条款；一般项为覆盖面较大，实施难度一般的条款；优选项为实施难度较大、要求较高，实施后效果较好的条款，为据实加分项。评价等级应为不合格、合格和优良。绿色施工评价要从要素评价着手，要素评价决定批次评价等级，批次评价决定阶段评价等级，阶段评价决定单位评价等级。

三、评价的基本要求

1. 评价的目的

对工程项目绿色施工进行评价，其主要目的表现为：通过绿色施工评价了解单项指标和综合指标哪些方面比较突出，哪些方面存在不足，可为后续工作实现持续改进提供科学依据；借助全面评价指标体系实现对绿色施工水平的综合度量，通过单项指标的水平和综合指标水平全面度量绿色施工状态；为推进区域和系统的绿色施工，可通过绿色施工评价结果发现典型案例，进行相应的环比和评比以便强化绿色施工激励。

2. 评价的对象、主体和时间控制点

绿色施工评价的对象主要是针对房屋建筑施工过程实现环境保护、节材与材料资源利用、节水与水资源利用、节能与能源利用和节地与土地资源利用等五个要素的状态进行评价。绿色施工评价的实施主体主要包括建设、施工和监理三方，绿色施工批次评价、阶段评价和单位工程评价分别由施工方、监理方和建设方、其他参与方，在不同的评价层面上，绿色施工组织的实施主体各不相同，其用意在于体现评价的客观真实，发挥互相监督作用。绿色施工的时间间隔应该满足绿色施工评价标准要求，并应该结合企业、项目的具体情况而确定，但至少应该达到评价次数每月一次，且每阶段不少于一次的基本要求。绿色施工的评价时间间隔主要是基于"持续改进"来考虑，针对存在的不足或问题形成特殊的改进意见，在实施过程中进行跟踪和检查，直至取得明显效果。

3. 评价的规定

绿色施工项目应符合以下规定：建立绿色施工管理体系和管理制度，实施目标管理；根据绿色施工要求进行图纸会审和深化设计；工程技术交底应该包括绿色施工内容；建立绿色施工培训制度并有实施记录；采用符合绿色施工要求的"四新"成果进行施工；施工组织设计及施工方案应有专门的绿色施工章节，绿色施工目标明确，内容涵盖"四节一环保"要求；根据检查情况，制定持续改进措施；采集和保存过程管理资料、见证资料和自检评价记录等绿色施工资料；在评价过程中应采集反映绿色施工水平的典型图片或影像资料。发生下列事故之一，即为绿色施工不合格项目：发生安全生产死亡责任事故；发生重大质量事故并造成严重影响的；施工过程中因"四节一环保"问题被政府管理部门处罚；发生群体传染病、食物中毒等责任事故；施工扰民造成严重社会影响的；违反国家有关"四节一环保"的法律法规并且造成严重社会影响的；其他较为严重的非文明施工现象。

四、评价的方法

绿色施工评价应该按照要素、批次、阶段和单位工程评价的顺序进行，要素评价依据控制项、一般项和优选项三类指标的具体情况，按照《建筑工程绿色施工评价标准》（GB/T 50640）进行评价并形成相应的绿色施工评价等级。绿色施工项目评价应先进行绿色施工管理评价，绿色施工管理评价可按施工准备策划、施工过程、验收总结三阶段进行，绿色施工管理评价应符合要求。

五、评价的组织

1.单位工程绿色施工评价应由建设单位组织、项目施工单位和监理单位参加，评价结果应由建设、监理和施工单位三方签认。

2.单位工程绿色施工阶段评价应由项目建设单位或监理单位组织，建设单位、监理单位和施工单位参加，评价结果应由建设、监理、施工单位三方签认。

3.单位工程绿色施工批次评价应由项目施工单位组织，建设单位和监理单位参加，评价结果应由建设、监理、施工单位三方签认。

4.企业应对本企业范围内绿色施工项目进行随机检查，并对项目绿色施工完成情况进行评估。

5.项目部会同建设和监理单位应根据绿色施工情况制定改进措施，由项目部实施改进。

6.项目部应接受建设单位政府主管部门及其委托单位等的绿色施工检查。

第五节　绿色施工技术要点

一、节材与材料资源利用技术要点

1.节材中存在的问题

长期以来由于我们对建筑节材方面关注较少，也没有采取过较为有效的节材措施，造成我国现阶段建筑节材方面存在着许多问题，主要体现在以下几个方面：建筑规划和建筑设计不能适应当今社会的发展，导致大规模的旧城改造和未到设计使用年限的建筑物被拆除；很少从节材的角度优化建筑设计和结构设计；高强材料的使用积极性不高，在钢筋总用量中 HRB400 钢筋的用量所占比例不到 10%，C45 等级以下混凝土用量约占 90%，高强混凝土使用量比较少；建筑工业化生产程度低，现场湿作业多，预制建筑构件使用少；新技术、新产品的推广应用滞后，二次装修浪费巨大。据有关机构测算，我国每年因装修造成的浪费高达 30 多亿元，仅北京每年两次装修就有 15 亿元的浪费；建筑垃圾等废弃物的资源化再利用程度较低；建筑物的耐久性差，往往达不到设计使用年限；缺少建筑节材方面的奖罚政策。

2. 节约建材的一般措施

人类对材料、环境和社会可持续发展三者之间关系的探讨由来已久，从 1988 年第一届国际材料联合会提出"绿色材料"的概念，到 1992 年在巴西召开的联合国环境与发展大会，就已经标志着社会进入"保护自然、崇尚自然促进可持续发展"的绿色时代。"节材与材料资源合理利用技术领域"是重点推广的九个领域之一，是指材料生产、施工、使用以及材料资源利用各环节的节材技术，包括绿色建材与新型建材、混凝土工程节材技术、钢筋工程节材技术、化学建材技术、建筑垃圾与工业废料回收应用技术等。减少建筑运行能耗是建筑节能的关键，而建材能耗在建筑能耗中占了较大比例，故建筑材料及其生产能耗的降低是降低建筑能耗的有效手段之一。

建筑保温措施的加强、节能技术和设备的运用，会使建筑运行能耗有所减少，但这些措施通常又会造成建筑材料及其生产能耗的增加。因此，减少建材的消耗就显得尤为重要。设计方案的优化选择作为减少建材消耗的重要手段，主要体现在以下几个方面：图纸会审时审核节材与材料资源利用的相关内容，使材料损耗率比定额损耗率降低 30%。在建筑材料的能耗中，非金属建材和钢铁材料所占比例最大，约为 54% 和 39%。

因此，通过在结构体系、高强高性能混凝土、轻质墙体材料、保温隔热材料的选用等设计方案的最优选择上减少混凝土使用量，在施工中应用新型节材钢筋、钢筋机械连接、免拆模、混凝土泵送等技术措施减少材料浪费，将不失为一种良好的节材途径。在材料的选用上积极发展并推行如各种轻质高强建筑材料、高效保温隔热材料、新型复合建筑材料及制品、建筑部品及预制技术、金属材料保护（防腐）技术、绿色建筑装修材料、可循环材料、可再生利用材料、利用农业废弃植物生产的植物纤维建筑材料等绿色建材和新型建材。

使用绿色建材和新型建材可以改善建筑物的功能和使用环境，增加建筑物的使用面积，便于机械化施工和提高施工效率，减少现场湿作业，更易于满足建筑节能的要求。根据施工进度、库存情况等合理安排材料的采购、进场时间和批次，减少库存以避免因材料过剩而造成的浪费。材料运输时，首先要充分了解工地的水陆运输条件，注意场外和场内运输的配合和衔接，尽可能地缩短运距，利用经济有效的运输方法减少中转环节；其次要保证运输工具适宜，装卸方法得当，以避免损坏和遗撒造成的浪费；再次要根据工程进度掌握材料供应计划，严格控制进场材料，防止到料过多造成退料的转运损失；最后，在材料进场后应根据现场平面布置情况就近卸载，以避免和减少二次搬运造成的浪费。

安装工程方面，首先要确保在施工过程中不发生大的因设计变更而造成的材料损失；其次是要做好材料领发与施工过程中的检查监督工作；再次要在施工过程中选择合理的施工工序来使用材料，并注重优化安装工程的预留、预埋、管线路径等方案。在取材方面应贯彻因地制宜、就地取材的原则，仔细调查研究地方材料资源，在保证材料质量的前提下，充分利用当地资源，尽量做到施工现场 500km 以内生产的建筑材料用量占建筑材料总重量的 70% 以上。对于材料的保管要根据材料的物理、化学性质进行科学合理的存储，防止因材料变质而引起的损耗。另外，可以通过在施工现场建立废弃材料的回收系统，对废弃材料进行分类收集、储存和回收利用，并在结构允许的条件下重新使用旧材料。应建立材料采购、限额领料、建筑垃圾再生利用等管理制度。施工应选用绿色、环保材料。

绿色施工策划文件中应涵盖节材与材料资源利用的内容；应具有满足工程进度要求的具体材料进场计划；应就近选择工程材料，并有进场和运输消耗记录。

临建设施应符合下列规定：

（1）应采用可周转、可拆装的装配式临时住房。

（2）应采用装配式的场界围挡和临时路面。

（3）应采用标准化可重复利用的作业工棚、试验用房及安全防护设施。

（4）应利用既有建筑物、市政设施和周边道路。

模架材料应符合下列规定：

（1）应采用管件合一的脚手架和支撑体系。

（2）应采用高周转率的新型模架体系。

（3）应采用钢或钢木组合龙骨。

材料节约应符合下列规定：

（1）应利用粉煤灰、矿渣、外加剂等新材料，减少水泥用量。

（2）现场应使用预拌砂浆。

（3）墙、地块材饰面应预先总体排版，合理选材。

（4）对工程成品应采用保护措施。

（5）应采用闪光对焊、套筒等无损耗连接方式。

（6）应采用 BIM 技术，深化设计、优化方案、节约材料。

资源再生利用应符合下列规定：

（1）建筑垃圾应分类回收，就地加工利用。

（2）现场办公用纸应分类摆放，纸张两面使用，废纸回收。

（3）建筑材料包装物回收率应达到 100%。

（4）应再生利用改扩建工程的原有材料。

在结构材料方面应做到以下几点：

（1）推广使用预拌混凝土和商品砂浆。准确计算采购数量、供应频率、施工速度等，在施工过程中动态控制。结构工程使用散装水泥。

（2）推广使用高强钢筋和高性能混凝土，减少资源消耗。

（3）推广钢筋专业化加工和配送。

（4）优化钢筋配料和钢构件下料方案。钢筋及钢结构制作前应对下料单及样品进行复核，无误后方可批量下料。

（5）优化钢结构制作和安装方法。大型钢结构宜采用工厂制作，现场拼装；宜采用分段吊装、整体提升、滑移、顶升等安装方法，减少方案措施的用材量。

（6）采取数字化技术，对大体积混凝土、大跨度结构等专项施工方案进行优化。

在围护材料方面应做到以下几点：

（1）门窗、屋面、外墙等围护结构选用耐候性及耐久性良好的材料，施工确保密封性、防水性和保温隔热性。

（2）门窗采用密封性、保温隔热性能、隔音性能良好的型材和玻璃等材料。

（3）屋面材料、外墙材料具有良好的防水性能和保温隔热性能。

（4）当屋面或墙体等部位采用基层加设保温隔热系统的方式施工时，应选择高效节能、耐久性好的保温隔热材料，以减小保温隔热层的厚度及材料用量。

（5）屋面或墙体等部位的保温隔热系统采用专用的配套材料，以加强各层次之间的黏结或连接强度，确保系统的安全性和耐久性。

（6）根据建筑物的实际特点，优选屋面或外墙的保温隔热材料系统和施工方式，如保温板粘贴保温板干挂、聚氨酯硬泡喷涂、保温浆料涂抹等，以保证保温隔热效果，并减少材料浪费。

（7）加强保温隔热系统与围护结构的节点处理，尽量降低热桥效应。针对建筑物的不同部位保温隔热特点，选用不同的保温隔热材料及系统，以做到经济适用。

在装饰装修材料方面应做到以下几点：

（1）贴面类材料在施工前，应进行总体排版策划，减少非整块材的数量。

（2）采用非木质的新材料或人造板材代替木质板材。

（3）防水卷材、壁纸、油漆及各类涂料基层必须符合要求，避免起皮、脱落。各类油漆及黏结剂应随用随开启，不用时及时封闭。

（4）幕墙及各类预留预埋应与结构施工同步。

（5）木制品及木装饰用料、玻璃等各类板材等宜在工厂采购或定制。

（6）采用自黏类片材，减少现场液态黏结剂的使用量。

在周转材料方面应做到以下几点：

（1）应选用耐用、维护与拆卸方便的周转材料和机具。

（2）优先选用制作、安装、拆除一体化的专业队伍进行模板工程施工。

（3）模板应以节约自然资源为原则，推广使用定型钢模、钢框竹模、竹胶板。

（4）施工前应对模板工程的方案进行优化。多层、高层建筑使用可重复利用的模板体系，模板支撑宜采用工具式支撑。

（5）优化高层建筑的外脚手架方案，采用整体提升、分段悬挑等方案。

（6）推广采用外墙保温板替代混凝土施工模板的技术。

（7）现场办公和生活用房采用周转式活动房。现场围挡应最大限度地利用已有围墙，或采用装配式可重复使用围挡封闭。力争工地临时房、临时围挡材料的可重复使用率达到70%。尽快进行节材型建筑示范工程建设，制定节材型建筑评价标准体系和验收办法，从而建立建筑节材新技术体系推广应用平台，以有序推动建筑节材新技术体系的研究开发、技术储备及新技术体系的推广应用。此外，我国的自然资源和环境都难以承受建筑业的粗放式发展，大力宣传建筑节材，树立全民的节材意识是建筑业可持续发展的必然道路。

二、节水与水资源利用技术要点

1. 概述

水是经济社会发展不可缺少的战略物资，经济社会可持续发展必须以水资源的可持续利用为支撑，使水资源可持续利用的条件如下：水资源利用要遵循自然资源的可持续性法则，即在使用生物和非生物资源时，要使其在数量和速度上不超过它们的恢复再生能力，并以其最大持续产量为最大限度作为其永续供给的最大可利用程度来保证再生资源的可持续性永存。人们在开发和利用水资源时，只有遵循上述自然资源可持续性法则，才能保证水资源的可持续利用，否则水资源的可持续性就要受到破坏。水资源的开发利用不能超过"水资源可利用量"。

水资源是指可利用或可能被利用的水源，它具有可供利用的数量和质量，并且是在某一地点为满足某种用途而可被利用的。一般意义上的水资源是指能通过水循环逐年更新的，并能够为生态环境和社会经济活动所利用的淡水，包括地表水、地下水和土壤水。但是，一方面由于多个因素作用下的自然条件具有多变性，另一方面是因为人类对水资源的开发利用能力受经济和技术水平的限制，实际可利用的水资源数量小于水资源量，再加上经济社会发展必须与水资源承载能力相协调等因素的影响，通过水文系列评价计算出的某一特定流域（或地区）的年平均水资源量一般不会等同于该流域（或地区）水资源的实际可利用量。

水资源的开发利用程度要在水资源的承载能力范围之内，水资源承载能力是指某一流域（或地区）的水资源可利用量对某一特定的经济和社会发展水平的支撑能力。对某一流域（或地区）而言，在特定的经济和社会发展水平下，水资源的承载能力是相对有限的。这是因为人口增长、城市化水平的提高、产业结构的调整等因素都会引起用水结构和用水方式的改变，从而引起用水总量的变化，最终导致水资源承载能力的变化。

2. 水资源利用现状及问题

我国工业、农业等各部门的水资源浪费问题不容忽视，为提出有效的节水和提高水资源利用效率的措施，首先将我国水资源的利用现状及问题做下列总结：

（1）水资源供求矛盾加剧。

（2）水价太低且利用效率不高。

（3）水资源过度开发造成对生态环境的破坏。

（4）水质污染严重。

在社会用水效率不高、用水浪费的现象普遍存在、开源条件有限的情况下，要保障和实现水资源的可持续发展，唯一的出路就是要不断提高用水效率、向效率要资源。把提高用水效率保障国民经济和社会可持续发展摆在突出位置，是在立足我国水情、着眼未来发展的基础上提出的一项高瞻远瞩又切实可行的水资源战略，是新时期治水思路的重要组成部分，是水利工作的关键所在。

施工时，在节水一般措施上应做到以下几点：

（1）应建立水资源保护和节约管理制度。

（2）绿色施工策划文件中应涵盖节水与水资源利用的内容。

（3）应制定水资源消耗总目标和不同施工区域及阶段的水资源消耗指标。

（4）施工现场的办公区、生活区、生产区用水应单独计量，并建立台账。

（5）施工现场供水线路及末端不得有渗漏。

（6）签订标段分包或劳务合同时，应将节水指标纳入合同条款。

3. 提高用水效率的一般措施

要实现水资源的可持续利用，必须依靠科学的管理体制和水网的统一管理。能否实现水资源可持续利用主要取决于人类生产、生活行为和用水方式的选择，关键是强化水资源的管理和开发。

因此，为解决日益严重的缺水和水污染问题，当务之急是加强水资源的统一管理问题，即从水资源的开发、利用、保护和管理等各个环节上综合采取有效的对策和措施。要提高用水效率，当前现实可行的途径就是在全社会（包括农业、工业、生活等各个方面）广泛推行节水措施，积极开辟新水源，狠抓水的重复利用和再生利用，协调水资源开发与经济建设和生态环境之间的关系，加速国民经济向节水型方向转变。

具体措施有：要做到控制施工现场的水污染；将节约用水和合理用水作为水管理考核的核心目标和一切开源工程的基础。

当前节水的奋斗目标分别为：

（1）农业应减少无效蒸发、渗漏损失，提高单方水的生产率，达到节水增产双丰收。

（2）工业应通过循环用水，提高水的重复利用率，达到降低单位产值耗水量和污水排放量。

（3）城市应积极推广节水生活器具，减少生活用水的浪费。

要实现当前的节水目标，保证在农业、工业和民用部门实行有效的水资源管理，就要将节水和合理用水作为一项基本国策，并在必要时采取水资源的审计制度。同时，农业、工业和民用部门的水资源有效管理模式，还可以被施工领域的水资源管理工作效仿，从而推进施工领域水资源有效管理体制的形成；在施工过程中采用先进的节水施工工艺。例如，在道路施工时，优先采用透水性路面。因为不透气的路面很难与空气进行热量、水分的交换，缺乏对城市地表温度、湿度的调节能力，容易产生所谓的热岛现象；而且，不透水的道路表面容易积水，降低了道路的舒适性和安全性。

透水路面可以弥补上述不透气路面的不足，同时通过路基结构的合理设计起到回收雨水的作用，同时达到节水与环保的目的。因此，在城市推广实施透水路面，城市的生态环境、驾车环境均会有较大改善，并能推动城市中雨水综合利用工程的发展。施工现场不宜使用市政自来水进行喷洒路面和绿化浇灌等，对于现场搅拌用水和养护用水应采取有效的节水措施，严禁无措施浇水养护混凝土。在满足施工机械和搅拌砂浆、混凝土等施工工艺对水质要求的前提下，施工用水应优先考虑使用建设单位或附近单位的循环冷却水或复用水等。施工现场给水管网的布置应该本着管路就近、供水畅通、安全可靠的原则，在管路上设置多个供水点，并尽量使这些供水点构成环路，同时考虑不同的施工阶段管网具有移动的可能性。另外，还应采取有效措施减少管网和用水器具的漏损。施工现场的临时用水应使用节水型产品，安装计量装置并采取针对性的节水措施。

例如，现场机具、设备、车辆冲洗用水应设立循环用水装置；办公区、生活区的生活用水应采用节水系统和节水器具，提高节水器具配置比率。施工现场建立雨水、中水或可再利用水的搜集利用系统，使水资源得到梯级循环利用，如施工养护和冲洗搅拌机的水，可以回收后进行现场洒水降尘。施工中对各项用水量进行计量管理，具体内容包括：施工现场分别对生活用水与工程用水确定用水定额指标，并实行分别计量管理机制；大型工程的不同单项工程、不同标段、不同分包生活区的用水量，在条件允许的情况下，均应实行分别计量管理机制；在签订不同标段分包或劳务合同时，将节水定额指标纳入合同条款，进行计量考核；对混凝土搅拌站点等用水集中的区域和工艺点进行专项计量考核，充分运用经济杠杆及政府部门的调节作用，在整体上统一规划布局调度水资源，从而实现水资源的长久性、稳定性和可持续性，这就需要加强水资源的统一管理。

首先，打破目前"多龙"管水、部门分割、各行其是、难以协调、部门效益高于国家利益的格局，建立权威的水资源主管部门，加强对水资源的统一管理，将粗放型水资源管理向集约型转变，将公益型发展模式向市场效益型转移。只有管好、用好、保护好有限的水资源，才能解决中国水资源的可持续开发利用问题。其次，采取加强节水知识的宣传教育、征收水资源费、调整水价、实行计划供水、取水许可制度等行政、法律和经济手段，有力地推动节水工作的开展。

5. 用水安全

水资源作为一种基础性自然资源和战略性经济资源，是一种人类生存与发展过程中重要且不可替代的资源。由于社会经济发展中水资源的竞争利用、时空分配的不稳定性、人口增长和水污染造成的水质性缺水日趋严重等因素的影响，水资源在经济发展过程中所体现出来的经济价值不断增加，比其在人类公平生存权下所体现出来的公益性价值更为人们所关注。同时，水作为一种重要的环境要素，是地球表层系统中维护生态系统良性循环的物质和能量传输的载体。因此，水体对污染物质稀释、降解的综合自净功能，在保持和恢复生态系统的平衡中发挥着重要作用。水是以流域为单元的一个相对独立、封闭的自然系统。在一个流域系统内，地表水与地下水的相互转化，上下游、左右岸、干支流之间水资源的开发利用，人类社会经济发展需求与生态环境维持需求之间等，都存在相互影响、相互支持的作用。

为此，水资源开发利用的管理与水环境的保护之间也是相互依存、相互支持与相互制约的关系。直观地说，水环境安全是包括水体本身、水生生物及其周围相关环境的一个区域环境概念，以可持续发展的观点，水资源的开发利用与水环境的保护是水资源可持续利用的两个核心因素。水要保持其资源价值，就必须维持水量与水质的可用性、可更新性与可维持性，并保证水资源各级用户的权益。因此，要维护水资源的可利用特性就必须对水量与水质进行充分的保护与有效的管理，将污水排放量限制在环境可承受的范围之内。

三、节能与能源利用技术要点

1. 节能的概念和理念

（1）节能的概念

节能是节约能源的简称，概括地说节能是采取技术上可行、经济上合理、有利于环境、社会可接受的措施，提高能源利用率和增强能源利用的经济效果。也就是说，节能是在国民经济各个部门、生产和生活各个领域，合理有效地利用能源资源，力求以最少的能源消耗和最低的成本支出，生产出更多适应社会需要的产品和提供更好的能源服务，不断改善人类赖以生存的环境质量，减少经济增长对能源的依赖程度。

（2）节能的理念

建筑能耗（实耗值）尤其是住宅建筑的能耗的增加以及建筑能耗在总能耗中比例的提高，说明我国的经济结构比较合理，也说明人民生活有了较大提高，而且政府自身在节能上怎么做，往往会影响民众的消费方式。因此，政府的节能宣传显得尤为重要，这是从节能的"工程意识"转变到"全社会的系统意识"的最好途径。

（3）施工节能的概念

一般来说，施工节能是指建筑工程施工企业采取技术上可行、经济上合理、有利于环境、社会可接受的措施，提高施工所耗费能源的利用率。目前，我国在各类建筑物与构筑物的建造和使用过程中，具有资源消耗高、能源利用效率低、单位建筑能耗比同等气候条件下的先进国家高出 2~3 倍等特点。近年来，国家提出要建设资源节约型社会和环境友好型社会，作为建筑节能实体的工程项目，必须充分认识节约能源资源的重要性和紧迫性，要用相对较少的资源利用、较好的生态环境保护，实现项目管理目标，除符合建筑节能外，主要是通过对工程项目进行优化设计与改进施工工艺，对施工现场的水、电、建筑用材、施工场地等要进行合理的安排与精心组织管理，做好每一个节约的细节，减少施工能耗并创建节约型项目。

2. 施工节能的主要措施

制定合理的施工能耗指标，提高施工能源利用率。由于施工能耗的复杂性，再加上目前尚没有一个统一的提供施工能耗方面信息的工具可供使用，所以，什么是被一致认可的施工节能难以界定，这就使得绿色施工的推广工作进程十分缓慢。因此，制定切实可行的施工能耗评价指标体系已成为在建设领域推行绿色施工的瓶颈问题。

一方面，制定施工能耗评价指标体系及相关标准可以为工程达到绿色施工的标准提供坚实的理论基础；另一方面，建立针对施工阶段的可操作性强的施工能耗评价指标体系，是对整个项目实施阶段监控评价体系的完善，为最终建立绿色施工的决策支持系统提供依据；同时，通过开展施工能耗评价可为政府或承包商建立绿色施工行为准则，在理论的基础上明确被社会广泛接受的绿色施工的概念及原则等，可为开展绿色施工提供指导和方向。合理的施工能耗指标体系应该遵循以下几个方面的原则：

（1）科学性与实践性相结合原则。在选择评价指标和构建评价模型时要力求科学，能够确确实实地达到施工节能的目的以提高能源的利用率；评价指标体系的繁简也要适宜，不能过多过细，避免指标之间相互重叠、交叉，也不能过少过简而导致指标信息不全面而最终影响评价结果。目前，施工方式的特点是粗放式生产、资源和能源消耗量大、废弃物多，对环境、资源造成严重的影响，建立评价指标体系必须从这个实际出发。

（2）针对性和全面性原则。首先，指标体系的确定必须针对整个施工过程且紧密联系实际、因地制宜，并有适当的取舍；其次，针对典型施工过程或施工方案设定统一的评价指标；最后，指标体系结构要具有动态性。要把施工节能评价看作一个动态的过程，评价指标体系也应该具有动态性，评价指标体系中的内容针对不同工程、不同地点以及评估指标、权重系数、计分标准应该有所变化。同时，随着科学进步，不断调整和修订标准或另选其他标准，并建立定期的重新评价制度，使评价指标体系与技术进步相适应。

（3）前瞻性、引导性原则。要求施工节能的评价指标具有一定的前瞻性，与绿色施工技术经济的发展方向相吻合；评价指标的选取要对施工节能未来的发展具备一定的引导性，尽可能反映出今后施工节能的发展趋势和重点。通过这些前瞻性、引导性指标的设置，引导未来施工企业的施工节能发展方向，促使承包商、业主在施工过程中重点考虑施工节能。

（4）可操作性原则。要求指标体系中的指标一定要具有可度量性和可比较性以便于操作。一方面对于评价指标中的定性指标，应该通过现代定量化的科学分析方法加以量化；另一方面评价指标应使用统一的标准衡量，消除人为可变因素的影响，使评价对象之间存在可比性，进而确保评价结果的公正、准确。此外，评价指标的数据在实际中也应方便易得。

总之，在进行施工节能评价过程中，必须选取有代表性、可操作性强的要素作为评价指标。对于所选择的单个评价指标，虽仅反映施工节能的一个侧面或某一方面，但整个评价指标体系却能够细致反映施工节能水平的全貌。优先使用国家、行业推荐的节能、高效、环保的施工设备和机具，工程机械的生产成本除了原材料、零部件外，主要是生产过程中的电、水、气的消耗和人工成本。节能、降耗的目标也就相应明显，就是降低生产过程中的电、水、气消耗，并把产生的热量等副产品加以利用。从目前的节能技术和产品来看，国内在上述方面已经比较成熟。除了变频技术节电外，更有先进的利用节能电抗技术对电力系统进行优化处理。作为工程机械的终端用户，建筑企业在施工过程中应该优先使用国家、行业推荐的节能、高效、环保的施工设备和机具，淘汰低能效、高能耗的老式机械。

3.建筑施工现场节电措施

（1）建筑施工现场耗电现状

1）建筑施工现场使用旧式变压器多，甚至还有 SJ 系列老式变压器，电能损耗大。建筑施工现场变压器的负荷变化大，建筑施工连续性差，周期变化大，同时与季节气候变化有关，用电有高峰有低谷。工地变压器的年平均负荷一般都在 50% 以下，变压器的空载无功功率占满载无功功率的 80% 以上，变压器在低负载时，输出的有功功率少，但使用的无功功率并不减少，功率因数降低。同时在施工高峰期变压器超负荷运行，短路电能损耗大；在施工低谷期变压器长期轻负荷或空负荷运行，空载电能损失大。

2）电动机的负载变化大。建筑施工现场的电动机负荷变化很大，建筑机械用电量选择总以最大负载为准，在实际使用时，往往处在轻载状态。电动机在轻载下运行对功率因数影响很大，因为感应电动机空载时所消耗的无功功率是额定负载时无功功率的60%~70%。加之建筑工地使用的电动机是小容量、低转速的感应电动机，其额定功率因数很低，约为 0.7 左右。

3）建筑施工现场大量使用电焊机、对焊机以及各种金属切削机床，而这些设备的辅助工作时间比较长，占全部工作时间的 35%~65%，造成这些设备处在轻载或空载状态下运行，从而浪费了部分有功功率和大量的无功功率。电焊机、点焊机、对焊机等两相运行的焊接设备，其感性负载功率因数更低。

4）建筑施工现场临时用电量的估算公式不尽合理，选择配电变电器容量大，不利于节约电能。

5）建筑施工现场的用电设备多是流动的，乱拉线乱接线的现象相当严重，使供电接线方式不合理，线路过长，导线截面与负载也不配套，造成线路无功损耗增大，以致功率因数下降。

6）部分现场管理人员对施工用电抱有临时观点，断芯、断股、绝缘层破损的旧橡皮线仍在工地上使用。在断芯、断股处往往产生电火花，消耗电能也极易引起触电、火灾事故。

7）建筑施工现场单相、两相负载比较多，加上乱接电源线现象严重，造成三相负载不平衡，中性点漂移，便产生了中性线电流，中性线电耗大。

8）建筑施工现场低压电源铝线与变压器低压端子的连接多不装铜铝过渡接线端子，直接将铝线绕在变压器铜质端子上，用垫圈、螺母紧固。显然，铝线与铜端子两种不同材质在接触处产生电化学腐蚀，加之接触面积也不够，造成接触电阻加大而发热，消耗电能，由于连接不可靠往往造成低压停电，甚至引起火灾。

9）由于建筑施工现场管理不善，部分工地长明灯无人问津，白白浪费电能；建筑企业大量使用民工，一旦进入冬季，民工用电炉取暖也是屡见不鲜，浪费电能又不安全。

10）施工过程中存在用电消耗标准、机制不完善和管理不到位等问题，施工技术较为落后也给施工节能降耗造成了不良影响。施工企业施工技术不更新就会一直处于高能耗低能效的不环保状态。施工管理与过程控制也存在不到位的情况。很多施工单位为了减少前期临时设施费用支出，在项目开工规划时期，未设置相关的节能降耗的监测机构、现场缺乏相应检测设备、检测人员。有的没有明确相关责任人，使节能降耗工作无人负责、无人落实、无人监管，形成了一个没有约束力的虚设系统。

（2）施工现场节电措施

1）选用合理的计算公式，正确估算用电量

施工现场临时用电量的估算是施工设计的主要内容。正确地估算施工设备容量，选择适当的配电变电器供电，对节约电能十分重要。

2）合理确定变压器台数，选用新型节能变压器

变压器在负载率为 60% 以上运行时才较经济，一般应在 75% 左右比较合适。为了充分利用设备和提高功率因数，变压器不宜轻载运行。当变压器的负荷经常低于其容量的 30% 时，则需更换容量较小的变压器。在条件允许的地方，采用两台并联运行，或把生产、生活与照明用电分开用不同的变压器供电。这样，在轻负载的情况下，将一台变压器退出运行，以减少变压器损耗，同时提高供电可靠性。在选用变压器时，应考虑低损耗新型变压器。

3）找准用电负荷中心，周密地确定配电所位置

在施工组织设计编制过程前，要认真调查研究，周密考虑，根据用电设备的位置找准用电负荷中心，确定好配电所位置，尽可能缩短低压线路长度，以降低线路的电压损耗。

4）减少负载的无功功率，提高供电线路功率因数

提高功率因数的途径主要在于减少电力系统中各部分所需的无功功率。为了提高功率因数，可以从加强施工用电管理、尽量使用供电线路、布局趋于合理等方面采取措施；另一方面，在供电线路中接入并联电容器，采用并联电容器补偿功率因数以提高技术经济效益。

5）平衡三相负载

建筑施工工地由于单相、两相负载比较多，为了达到三相负载平衡，必须从用电管理制度着手，在施工组织设计阶段就必须充分调查研究，根据不同的用电设备，按照负荷性质分门别类，尽量做到三相负载趋于平衡。用户接电必须向工地供电管理部门提出书面申请（注明用电容量和负荷性质），待供电部门审批后，方能接在供电部门指定的线路上。平时不经供电部门允许，任何人不得擅自在线路上接电。值得一提的是，平衡三相负载是一项基本不需要付出任何经济代价而能取得较大实效的节电技术措施。

6）重视安装施工，降低供电线路接触电阻

在现场临时用电施工时，应尽量采用同种材质的导线。接触对导体件呈现的电阻称为接触电阻，目前供电线路中，大量的是铝与铝及铜与铝之间的连接增加了接触电阻，在铝线连接中，一定要采取防氧化措施。防止铝氧化简单而行之有效的办法是：在连接之前用钢丝刷刷去表面氧化铝，并涂上一层中性凡士林，当两个接触面互相压紧后，接触表面的凡士林便被挤出，包围了导体而隔绝了空气的侵蚀，防止铝的氧化。显然，因铝线与铜端子在接触处不断氧化，加之接触面积也常常不够，这样就造成接触电阻大而损耗大量电能。近年来，一种行之有效的节电材料 DGI 型或 DJG 型电接触导电膏出现，大幅度提高了节电效果，在接触表面涂敷导电膏，不仅可以取代电气连接点（特别是铝材电气连接点）装接时所需涂敷的凡士林，而且可以取代铜铝过渡接头及搪锡、镀银等工艺。

四、节地与施工用地保护技术要点

临时用地是指在工程建设施工和地质勘查中，建设用地单位或个人在短期内需要临时使用，不宜办理征地和农用地转用手续的，或者在施工、勘查完毕后不再需要使用的国有的或者农民集体所有的土地，不包括因临时使用建筑或者其他设施而使用的土地。临时用地是临时使用而非长期使用的土地，在法规表述上可称为"临时使用的土地"，与一般建设用地不同的是，临时用地不改变土地用途和土地权属，只涉及经济补偿和地貌恢复等问题。

1. 临时用地指标

（1）根据施工规模及现场条件等因素合理确定临时设施，如临时加工厂、现场作业棚及材料堆场、办公生活设施等的占地指标。临时设施的占地面积应按用地指标所需的最低面积设计。

（2）要求平面布置合理、紧凑，在满足环境、职业健康与安全及文明施工要求的前提下尽可能减少废弃地和死角，临时设施占地面积有效利用率大于90%。

2. 临时用地保护

（1）合理减少临时用地。在环境与技术条件可能的情况下，积极应用新技术、新工艺、新材料，避开传统的、落后的施工方法。例如，在地下工程施工中尽量采用顶管、盾构、非开挖水平定向钻孔等先进的施工方法，避免传统的大开挖，减少施工对环境的影响。应对深基坑施工方案进行优化，减少土方开挖和回填量，最大限度地减少对土地的扰动，保护周边自然生态环境。

（2）红线外临时占地应尽量使用荒地、废地，少占用农田和耕地。工程完工后，及时对红线外占地恢复原地形、地貌，使施工活动对周边环境的影响降至最低。红线外临时占地要重视环境保护，不破坏原有的自然生态，并保持与周围环境、景观相协调。

（3）利用和保护施工用地范围内原有绿色植被。对于施工周期较长的现场，可按建筑永久绿化的要求，安排场地新建绿化。对环境的影响在施工结束后不会自行消失，而是需要人为地通过恢复土地原有的使用功能来消除。按照"谁破坏、谁复垦"的原则，用地单位为土地复垦责任人，履行复垦义务。取土场、弃土（渣）场、拌和场、预制场、料场以及当地政府不要求留用的施工单位临时用房和施工便道等临时用地，原则上界定为可复垦的土地。对于可复垦的土地，复垦责任人要按照土地复垦方案和有关协议，确定复垦的方向、复垦的标准。

在工程竣工后按照合同条款的有关规定履行复垦义务。清除临时用地上的废渣、废料和临时建筑、建筑垃圾等，翻土且平整土地，造林种草，恢复土地的种植植被。对占用的农用地仍复垦作农田地，在对临时用地进行清理后，对压实的土地进行翻松、平整，适当布设土埂，恢复被破坏的排水、灌溉系统。施工单位临时用房、料场、预制场等临时用地，如果非占用耕地不可，用地单位在使用硬化前，要采取隔离措施将混凝土与耕地表层隔离，便于以后土地的复垦。因建设确需占用耕地的，用地单位在生产建设过程中，必须开展"耕作层剥离"，及时将耕作层的熟土剥离并堆放在指定地点，集中管理以便用于土地复垦、绿化和重新造地，以缩短耕地熟化期，提高土地复垦质量，恢复土地原有的使用功能。

3. 施工总平面布置

（1）施工总平面布置应做到科学、合理，充分利用原有建筑物、构筑物、道路、管线为施工服务。

（2）施工现场搅拌站、仓库、加工厂、作业棚、材料堆场等布置应尽量靠近已有交通线路或即将修建的正式或临时的交通线路，缩短运输距离。

（3）临时办公和生活用房应采用经济、美观、占地面积小、对周边地貌环境影响较小，且适合于施工平面布置动态调整的多层轻钢活动板房、钢骨架水泥活动板房等标准化装配式结构。生活区与生产区应分开布置，并设置标准的分隔设施。

（4）施工现场围墙可采用连续封闭的轻钢结构预制装配式活动围挡，减少建筑垃圾，保护土地。

（5）施工现场道路按照永久道路和临时道路相结合的原则布置。施工现场内形成环形通路，减少道路占用土地。

（6）临时设施布置应注意远近结合（本期工程与下期工程），努力减少和避免大量临时建筑拆迁和场地搬迁。

五、环境保护技术要点

建筑业是我国的经济支柱之一，而且该产业直接或间接地影响着我们的环境，这就要求施工企业在工程建设过程中要注重绿色施工、必须树立良好的社会形象，进而形成效益。为此，传统的建筑施工必须进行变革，使其更绿色环保。在环境保护方面，保证扬尘、噪声、振动、光污染、水污染、土壤保护、建筑垃圾、地下设施、文物和资源保护等的控制措施到位，这既能有效改善建筑施工脏、乱、差、闹的社会形象，又能改善企业自身形象。可见，施工企业在绿色施工过程中的活动不但具有经济效益，也会带来社会效益。

1. 扬尘控制

建筑施工中出现的扬尘主要来源于渣土的挖掘与清运、回填土、裸露的料堆。拆迁施工中由上而下抛撒垃圾、堆存的建筑垃圾、现场搅拌混凝土等，还可能由堆放的原材料（如水泥、白灰）在路面风干及底泥堆场修建工程和护岸工程施工时产生。在施工中，建筑材料的装卸和运输、各种混合料拌和、土石方调运、路基填筑、路面稳定等施工过程对周围环境会造成短期内粉尘污染。运输车辆的增加和调运土石方的落土也会使相关的公路交通条件恶化，对原有交通秩序产生较大的影响。针对工地的扬尘污染，可采取以下措施：

（1）运送土石方、垃圾、设备及建筑材料等，不污损场外道路。运输容易撒落、飞扬、流漏物料的车辆，必须采取措施封闭严密，保证车辆清洁。施工现场出口应设置洗车槽。

（2）土方作业阶段，采取洒水、覆盖等措施，使作业区目测扬尘高度小于 1.5 m，不扩散到场区外。

（3）结构施工、安装装饰装修阶段，作业区目测扬尘高度小于 0.5 m。对易产生扬尘的堆放材料应采取覆盖措施；对粉末状材料应封闭存放；场区内可能引起扬尘的材料及建筑垃圾搬运应有降尘措施，如覆盖、洒水等；浇筑混凝土前清理灰尘和垃圾时尽量使用吸尘器，避免使用吹风器等易产生扬尘的设备；机械剔凿作业时可采取局部遮挡、掩盖、水淋等防护措施；高层或多层建筑清理垃圾应搭设封闭性临时专用道或采用容器吊运。

（4）施工现场非作业区达到目测无扬尘的要求。对现场易飞扬物质采取有效措施，如洒水、地面硬化、围挡、密网覆盖、封闭等，防止扬尘产生。

（5）构筑物机械拆除前，做好扬尘控制计划。可采取清理积尘、拆除体洒水、设置隔挡等措施。

（6）构筑物爆破拆除前，做好扬尘控制计划。可采用清理积尘、淋湿地面、预湿墙体、屋面敷水袋、楼面蓄水、建筑外设高压喷雾状水系统、搭设防尘排栅和直升机投水弹等措施综合降尘。选择风力小的天气进行爆破作业。

（7）在场界四周隔挡高度位置测得的大气总悬浮颗粒物（TSP）月平均浓度与城市背景值的差值不大于 0.08 mg/m³。

（8）施工现场出口应设冲洗池，施工场地、道路应采取定期洒水抑尘措施。

（9）施工现场使用的热水锅炉等宜使用清洁燃料。不得在施工现场融化沥青或焚烧油毡、油漆以及其他能产生有毒、有害烟尘和恶臭气体的物质。

2. 噪声与振动控制

建筑施工噪声是指在建筑施工过程中产生的干扰周围生活环境的声音，它是噪声污染的一项重要内容，对居民的生活和工作会产生严重的影响。建筑施工噪声被视为一种无形的污染，它是一种感觉性公害，被称为城市环境"四害"之一。施工的不同阶段，使用各种不同的施工机械。根据不同的施工阶段，施工现场产生噪声的设备和活动包括：

（1）土石方施工阶段，有装载机、挖掘机、推土机、运输车辆等。

（2）打桩阶段，有打桩机、混凝土罐车等。

（3）结构施工阶段，有电锯、混凝土罐车、地泵、汽车泵、振捣棒、支拆模板、搭拆钢管脚手架、模板修理和外用电梯等。

（4）装修及机电设备安装阶段，有外用电梯拆脚手架、石材切割、电锯等。

目前，城市建筑施工噪声的形成主要有以下原因：

1）施工设备陈旧落后，部分施工单位受经济因素制约，施工过程中使用简易陈旧、质量低劣或技术落后的施工设备，导致施工时噪声严重超标，比如一些单位使用的转盘电锯的噪声高达 90 dB，某些打桩机的噪声高达 115 dB。

2）施工设备的安置不合理，一些施工单位将电锯、混凝土搅拌机等噪声大的施工设备安置于不合理的位置，导致施工中产生的噪声影响周围居民的正常生活。比如一些施工单位将噪声极大的设备露天安置，不采取任何防噪、降噪措施，致使这些设备产生的噪声超出规范要求，一些施工单位为提高工程进度进行夜间施工，严重影响附近居民的正常生活秩序。

针对工地的噪声污染和振动控制，可采取以下措施：

①现场噪声排放不得超过现行国家标准《建筑施工场界环境噪声排放标准》（GB 12523）的规定。

②在施工场界对噪声进行实时监测与控制。监测方法执行现行国家标准《建筑施工场界环境噪声排放标准》（GB 12523）。

③使用低噪声低振动的机具，采取隔音与隔振措施，避免或减少施工噪声和振动。

④施工车辆进出现场，不宜鸣笛。

3. 光污染控制

城市的光污染问题在欧美地区和日本等发达国家早已引起人们的关注，在多年前就着手治理光污染。随着光污染的加剧，我国在现阶段应该大力宣传光污染的危害，以便引起重视，在实际工作中来减少或避免光污染。防治光污染是一项社会系统工程，由于我国长期缺少相应的污染标准与立法，因而不能形成较完整的环境质量要求与防范措施，需要有关部门制定必要的法律和规定，并采取相应的防护措施，而且应组织技术力量对有代表性的光污染进行调查和测量，摸清光污染的状况，并通过制定具体的技术标准来判断是否造成光污染。在施工图审查时就需要考虑光污染的问题，总结出防治光污染的措施、办法、经验和教训，尽快地制定防治光污染的标准和规范是我国当前的一项迫切任务。

尽量避免或减少施工过程中的光污染，在施工中灯具的选择上应以日光型为主，尽量减少射灯及石英灯的使用，夜间室外照明灯加设灯罩，透光方向集中在施工范围。在施工组织计划时，应将钢筋加工场地设置在距居民和工地生活区较远的地方。若没有条件，应设置遮挡措施，如遮光围墙等，以消除和减少电焊作业时电焊弧光外泄及电气焊等发出的亮光，还可选择在白天阳光下工作等施工措施来解决这些问题。此外，在规范允许的情况下尽量采用套筒连接。

4. 水污染控制

水污染是指水体因某种物质的介入，而导致其化学、物理、生物或者放射性等方面特性的改变，从而影响水的有效利用，危害人体健康或者破坏生态环境，造成水质恶化的现象。施工现场产生的污水主要包括雨水、污水（又分为生活和施工污水）两类。在施工过程中产生的大量污水，如没有经过适当处理就排放，便会污染河流、湖泊、地下水等水体，直接、间接地危害这些水体中的生物，最终危害人类健康及环境。针对工地的水污染，可采取以下措施：

（1）施工现场污水排放应达到相关标准的要求。

（2）在施工现场应针对不同的污水，设置相应的处理设施，如沉淀池、隔油池、化粪池等。

（3）污水排放应委托有资质的单位进行废水水质检测。提供相应的污水检测报告。

（4）保护地下水环境。采用隔水性能好的边坡支护技术。在缺水地区或地下水位持续下降的地区，基坑降水尽可能少地抽取地下水；当基坑开挖抽水量大于 $5 \times 10^5 m^3$ 时，应进行地下水回灌，并避免地下水被污染。

（5）对于化学品等有毒材料、油料的储存地，应有严格的隔水层设计，做好渗漏液收集和处理。

（6）使用非传统水源和现场循环水时，宜根据实际情况对水质进行检测。

（7）施工现场存放的油料和化学溶剂等物品应设专门库房，地面应做防渗漏处理。废弃的油料和化学溶剂应集中处理，不得随意倾倒。

（8）易挥发、易污染的液态材料，应使用密闭容器存放。

（9）施工机械设备使用和检修时，应控制油料污染；清洗机具的废水和废油不得直接排放。

（10）食堂、盥洗室、淋浴间的下水管线应设置过滤网，食堂应另设隔油池。

（11）施工现场宜采用移动式厕所，并应定期清理。固定厕所应设化粪池。

（12）隔油池和化粪池应做防渗处理，并应进行定期清运和消毒。

5. 土壤保护

土壤作为独立的自然体，是指位于地球陆地地表，包括具有浅层水地区的具有肥力、能生长植物的疏松质，由矿物质、有机物质、水分和空气等组成，是一个非常复杂的系统。土壤保护的关键因素是节约用地。我国的人口较多，而且不可能在短期内减少人口压力，故针对目前我国土地资源的现状，为及时防止土壤环境的恶化，我国一些地区积极响应《绿色施工导则》的节地计划，其明确规定："在节地方面，建设工程施工总平面规划布置应优化土地利用，减少土地资源的占用。施工现场的临时设施建设禁止使用黏土砖，土方开挖施工应采取先进的技术措施，减少土方开挖量，最大限度地减少对土地的扰动并保护周边的自然生态环境。"另外，在节地与施工用地保护中，《绿色施工导则》在临时用地指标、施工总平面布置规划及临时用地节地等方面还明确制定了如下措施：

（1）保护地表环境，必须防止土壤侵蚀、流失，因施工造成的裸土应及时覆盖砂石或种植速生草种，以减少土壤侵蚀；因施工造成容易发生地表径流土壤流失的情况，应采取设置地表排水系统、稳定斜坡、植被覆盖等措施，减少土壤流失。

（2）沉淀池、隔油池、化粪池等不发生堵塞、渗漏、溢出等现象。及时清掏各类池内沉淀物，并委托有资质的单位清运。

（3）对于有毒有害废弃物，如电池、墨盒、油漆、涂料等应回收后交给有资质的单位处理，不能作为建筑垃圾外运，避免污染土壤和地下水。

（4）施工后应恢复被施工活动破坏的植被。与当地园林、环保部门或当地植物研究机构进行合作，在先前开发地区种植当地或其他合适的植物，以恢复剩余空地地貌或科学绿化，补救施工活动中人为破坏植被和对地貌造成的土壤侵蚀。在城市施工时，如有泥土场地易污染现场外道路时可设立冲水区，用冲水机冲洗轮胎，防止污染施工外部环境。

修理机械时产生的液压油、机油、清洗油料等废油不得随地泼倒，应收集到废油桶中并统一处理。禁止将有毒、有害的废弃物用作土方回填。限制或禁止黏土砖的使用。降低路基并充分利用粉煤灰。毁田烧砖是利益的驱动，也是市场有需求的后果。节约土地要从源头上做起，即推进墙体材料改革，建筑业以新型节能的墙体材料代替实心黏土砖，让新型墙体材料占领市场。推广降低路基技术，节约公路用地，修建公路时取土毁田会对农田造成极大的毁坏。有必要采用新技术来降低公路建设对土地资源的耗费。我国火力发电仍占很大比例，加上供暖所产生的工业剩余粉煤灰总量极大，这些粉煤灰需要占地堆放，如果将这些粉煤灰用于公路建设将是一个便于操作、立竿见影的节约和集约化利用土地的好方法。

6. 地下设施、文物和资源保护

地下设施主要包括人防地下空间、民用建筑地下空间、地下通道和其他交通设施以及地下市政管网等设施，这类设施通常处于隐蔽状态，在施工中如果不采取必要的措施极易使其受到损害，一旦这些设施遭到损害往往会造成很大的损失。保护好这类设施的安全运行对于确保国民经济的生产和居民正常生活具有十分重要的意义。文物是我国古代文明的象征，采取积极措施千方百计地保护地下文物是每一个人的责任。当今世界矿产资源短缺的现状，使各国的危机感大大提高，并竞相加速新型资源的研发。因此，现阶段做好矿产资源的保护工作也是搞好文明施工、安全生产的重要环节。地下设施、文物和矿产资源通常具有不规律及不可见性，对其保护需要我们仔细勘探、精密布局、谨慎施工等。

（1）施工前的要求

开始前应调查清楚地下各种设施，做好保护计划，保证施工场地周边的各类管道、管线、建筑物、构筑物的安全运行。施工单位必须严格执行上级部门对市政工程建设在文明施工方面所颁发的条例、制度和规定。在开始土方基础工程开挖作业前，必须对作业点的地下土层、岩层进行勘察，以探明施工部位是否存在地下设施、文物或矿产资源，勘察结果应报给相应工程师批准。

如果根据勘察结果认为施工场地存在地下设施、文物或资源，应向有关单位和部门进行咨询和查询。对于已探明的地下设施、文物及资源，应采取适当的措施进行保护，其保护方案应事先取得相关部门的同意并得到监理工程师的批准。比如，对于已探明的地下管线，施工单位需要进一步收集管线资料，并请管线单位监护人员到场，核对每根管线确切的标高、走向、规格、容量、完好程度等，做好记录并填写"管线施工配合业务联系单"，交予相关单位签认，并与业主及相关部门积极联系，进一步确认本工程范围中管线的走向及具体位置。然后，根据管线走向及具体位置，在相应地面上做出标志，宜用白灰标志，当管线挖出后应及时给予保护。回填时，回填土应符合相关要求，必须注意土中不应含有粒径较大的石块；雨期施工时则应采取必需的降、排水措施，及时将积水排除。对于道路下的给水管线和污水管线，除采取以上措施外，在车辆穿越时，应设置土基箱，确保管线受力后不变形、不断裂，对于工程中有管线的位置应设置警示牌。对于施工场区及周边的古树名木应采取避让方法进行保护，并制定最佳的施工方案，在施工过程中统计并分析施工项目的 CO_2 排放量，以及各种不同植被和树种的 CO_2 固定量。

（2）施工过程中的保护措施

开工前和实施过程中，施工负责人应认真向班组长和每一位操作工人进行管线、文物及资源方面的技术交底，明确各自的责任。应设置专人负责地下相关设施、文物及资源的保护工作，并需要经常检查保护措施的可靠性，当发现现场条件变化、保护措施失效时应立即采取补救措施，要督促检查操作人员遵守操作规程，制止违章操作、违章指挥和违章施工。开挖沟槽和基坑时，无论是人工开挖还是机械挖掘均需分层施工，每层挖掘深度宜控制在 20~30cm。一旦遇到异常情况，必须仔细而缓慢挖掘。把情况弄清楚后或采取措施后方可按照正常方式继续开挖。施工过程中如遇到露出的管线，必须采取相应的有效措施，如进行吊托、拉攀、砌筑等固定措施，并与有关单位取得联系，配合施工，以保证施工安全可靠。施工过程中一旦发现文物，应立即停止施工，保护现场并尽快通报文物部门并协助文物部门做好相应的工作。施工过程中发现现状与交底或图纸内容、勘探资料不相符时或出现直接危及地下设施、文物或资源安全的异常情况时，应及时通知相关单位到场研究，商议制定补救措施，在未做出统一结论前，施工人员和操作人员不得擅自处理。施工过程中一旦发现地下设施、文物或资源出现损坏事故，必须在 24 h 内报告主管部门和业主，且不得隐瞒。

第六节　绿色施工综合案例

一、工程概况

1. 工程概况

工程为一栋地下 3 层、地上 24 层的一类高层建筑，总面积 40000 m^2，为钢筋混凝土剪力墙结构，建筑耐火等级一级，抗震烈度七度，设计使用年限 50 年，地下层为车库和设备用房。工程于 2015 年开工，2017 年竣工。

2. 施工现场情况

施工现场布置根据科学合理原则，充分利用了施工现场原有建筑物、构筑物、道路、管线。施工现场道路采用临时道路与永久道路相结合的方式，避免了交通堵塞。施工现场仓库、加工厂、作业棚、材料堆场等布置靠近交通线路。工程施工现场供、排水设施十分完善。施工作业区、办公区和生活区均 100% 配备节水器具。排污方面，施工现场设有专门的汽车冲洗池、排水沟、隔油池、化粪池以及沉淀池、集水井等，专人定期负责清理并记录在册。施工现场利用高度不低于 2 m 的老围墙，其均采用多层轻钢活动板房、钢骨架水泥活动板房等装配式结构。

3. 合同约定情况

施工单位必须确保绿色施工评价达到合格。绿色施工的要求主要包括技术、质量以及资料方面的要求。

二、绿色施工策划

1. 绿色施工要素分析

采取模拟分析法、统计数据法和专家经验法等多变量统计技术，将项目中涉及绿色施工的环境要素分析出来，确定各个要素的影响、产生原因，识别和评估其影响，从而提出控制办法，并付诸实施。通过绿色施工环境影响要素分析，可以有针对性地进行绿色施工策划，并据此对绿色施工评价要素的评价点进行调整，促使绿色施工评价更加符合项目实际。根据《建筑工程绿色施工评价标准》，在本工程中，绿色施工环境影响要素分析确定了对一般项、优选项两类指标进行调整，增加了一般项的 3 个加分点，优选项的 4 个加分点。

一般项的 3 个加分点：

（1）临时用电充分考虑三相平衡，且不平衡控制在 15% 以内，并在三相供电系统中采用人工补偿无功功率设备。

（2）在建筑物西面设置 3 个垃圾回收池。

（3）对各类垃圾分类清运并在指定地点进行二次处理利用。

优选项的 4 个加分点：

（1）混凝土配合比优化设计。

（2）地下室采取混凝土裂缝防治技术。

（3）严格控制原材料质量、计量精度、添加剂掺量和优化配合比等措施，提高了混凝土抗渗性。

2. 绿色施工组织体系

为做好本工程的绿色施工管理，公司成立了以项目部经理为组长的"绿色施工小组"，确保各项由专人负责实施，项目部经理为第一责任人，设立项目绿色施工管理员，确保绿色施工的目标实现。

三、绿色施工原则与目标

1. 绿色施工原则

在本项目中，应该在符合国家法律法规和相关规范标准的基础上，最大限度地节约资源和能源，减少对环境的污染，保证施工过程安全高效，降低施工活动的不利影响，实现项目资源节约型和环境友好型的目标。在本工程中，实现节地、节能、节水、节材和保护环境的最初目标，要因地制宜，提高资源的利用率，努力实现建筑材料二次利用，以达到节约资源的目标。建立相关的管理体系，为实现绿色施工的目标提供制度保证，将绿色施工的有关内容分解到管理体系目标中去，使绿色施工规范化、标准化。积极采用现有的新技术、新工艺，努力开发研究新设备与新材料。

2. 绿色施工的总体目标

（1）绿色施工按评价标准达到"优良"等级。

（2）确保完成公司下达的绿色施工、节能降耗的各项指标要求。

四、绿色施工规划管理

规划管理主要通过前期施工方案的编制来实现，本项目编制绿色施工方案贯彻"以资源的高效利用为核心，以环保优先为原则"的指导思想，追求高效低耗、环保，统筹兼顾，实现经济、社会、环保（生态）综合效益最大化的绿色施工模式。

绿色施工方案包含以下内容：

1. 环境保护措施。制定环境管理计划及应急救援预案，采取有效措施，降低环境负荷，保护地下设施和文物等资源。

2. 节材措施。在保证工程安全与质量的前提下，制定节材措施。如进行施工方案的节材优化，建筑垃圾减量化，尽量利用可循环材料等。

3. 节水措施。根据工程所在地的水资源状况，制定节水措施。

4. 节能措施。进行施工节能策划，确定目标，制定节能措施。

5. 节地与施工用地保护措施。制定临时用地指标、施工总平面布置规划及临时用地节地措施等。

第六章　绿色施工技术

绿色施工技术是指在工程建设中，在保证质量和安全等基本要求的前提下，通过科学管理和技术进步，最大限度地节约资源，减少对环境负面影响的施工活动，绿色施工是可持续发展思想在工程施工中的具体应用和体现。首先绿色施工技术并不是独立于传统施工技术的全新技术，而是对传统施工技术的改进，是符合可持续发展的施工技术，其最大限度地节约资源并减少对环境有负面影响的施工活动，使施工过程真正做到"四节一环保"，对于促使环境友好、提升建筑业整体水平具有重要意义。因此，本章主要探讨绿色施工技术。

第一节　基坑施工封闭降水技术

一、主要技术内容

基坑施工封闭降水技术是指采用基坑侧壁帷幕或基坑侧壁帷幕加基坑底封底的截水措施，阻截基坑侧壁及基坑底面的地下水流入基坑，同时采用降水措施抽取或引渗基坑开挖范围内的现存地下水的降水方法。在我国南方沿海地区宜采用地下连续墙或护坡桩加搅拌桩止水帷幕的地下水封闭措施。北方内陆地区宜采用护坡桩加旋喷桩止水帷幕的地下水封闭措施。河流阶地地区宜采用双排或三排搅拌桩对基坑进行封闭同时兼做支护的地下水封闭措施。

1. 结构安全性

截水帷幕必须在有安全的基坑支护措施下配合使用（如注浆法），或者帷幕本身经计算能同时满足基坑支护的要求（如地下连续墙）。

2. 适用范围

本技术适用于有地下水存在的所有非岩石地层的基坑工程。

3. 已应用的典型工程

天津地区中钢天津响螺湾项目、北京地区朔黄发展大厦工程、协和医院门诊楼及手术科室楼工程、太原名都工程、深圳地铁益田站、广州地铁越秀公园站基坑工程、河北曹妃甸首钢炼钢区地下管廊工程。

二、技术指标

1. 封闭深度：宜采用悬挂式竖向截水和水平封底相结合，在没有水平封底措施的情况下要求侧壁帷幕（连续墙、搅拌桩、旋喷桩等）插入基坑下卧不透水土层一定深度，深度情况应满足下式计算：

$$L = 0.2h_w - 0.5b$$

式中：L——帷幕插入不透水层的深度；

h_w——作用水头；

b——帷幕厚度。

2. 截水帷幕厚度：满足抗渗要求，渗透系数宜小于 1.0×10^{-6}cm/s。

3. 基坑内井深度：可采用疏干井和降水井，若采用降水井，井深度不宜超过截水帷幕深度；若采用疏干井，井深应插入下层强透水层。

三、影响条件

第一，基坑降水施工深受周围环境的影响，如果周围环境比较复杂，深基坑降水施工工期也会延长，特别是在雨水环境下更容易出现深基坑不稳定的问题。另外，整个工程施工过程中的复杂多变的环境也会使基坑开挖、降水和混凝土浇筑出现不协调的问题。第二，深基坑工程在施工的过程中会出现位移和沉降问题，这些问题的出现会危害整个工程建筑的安全、稳定。第三，深基坑工程在施工的过程中会受到岩土性质的影响，特别是水文地质条件不同的情况，更会增加整个基坑工程的开挖难度。另外，在岩土工程勘探技术水平不高的情况下还会使工程的勘察数据和土层测试之间出现严重的分歧，最终加大工程施工难度。

四、在建筑工程施工中的应用

1. 深井布设方案设计

通过对基坑的一系列参数进行计算，在布设过程中采用了梅花状。因为该工程计划修建 7 部电梯，所以这意味着整个工程包括 7 个降水井和 52 个井点。为了使抽出或拦截的水能够被直接排入市政排水系统内，需要沿着基坑附近设置排水沟和节水沟，避免因地下渗水而导致基坑内出现积水的现象。

2. 施工工艺环节

第一，定位成孔。按照降水方案设计图纸，确定好具体的位置，采用测量仪器定位控制点，等待钻机就位后，采用正循环钻进的工艺处理孔，将成孔设置成 600mm，控制井位，误差在 10cm 之内，要在钻井期间妥善控制各项技术参数，以孔段的差异为依据选择不同的造浆进行护壁，要将成孔垂直度的误差控制在 1% 以内，按照孔段差异进行选择。另外，在钻井过程中，对于其他参数也要进行有效的控制。

第二，清孔与下管。清孔作业应该在钻孔达标后立刻进行，这一环节位于深井井管沉放作业之前，先清理后提升，先对泥浆密度进行调配，完成污物清理，去除泥浆内的泥块，再通过吊筒反复上下取出洗孔。在进行下管作业时，首先将井管垂直安放，将其过滤部分放置于适当的含水层范围内，之后为了使井管在下管过程中能够保持垂直状态，需要通过铁丝、竹板对其固定。

第三，填砾环节。首先下放钻杆，当降水井的孔径为 600mm 时，所配对的管径应为273mm，将钻杆下放至距孔底 0.35~0.45mm 的位置，利用钻杆内泵完成泥浆的去除，冲孔过程中要注意泥浆的调节工作，因为孔内的泥浆很有可能会经过滤水管外侧的孔壁发生反降的现象，因此要将泥浆的密度调配至 1.04 左右，这样就能有效避免该现象的发生。在填砂口那里完成孔内填砂，用防水快投法完成管外填砂，将井口封闭。在井口封闭后，将清水输送至管内等待水反流，在开始出现水流返回的情况后，可立即向管内均匀地撒入砾料，使杂质细砾能够通过循环槽排出。

第四，洗井环节。下管填砾完成后应立即以清水进行洗井，从而滤除沉渣。而在挖除第一层土前，需要进行水泵抽水，如此才能够使主楼围护桩不受降水的影响，在挖除第一层土后，以黏土在孔口 1m 处进行密实填充，一直保持降水态势良好。

3. 降水监测

在降水过程中，必须做好基坑周围的沉降监测工作。在基坑周围出现裂缝、塌陷等问题时，有必要及时检查工程的围护结构是否有渗漏和涌水问题。如果出现渗漏和涌水问题，必须采取有效措施进行封堵处理。在降水过程中，如有含砂量增加，施工人员需及时检查帷幕渗漏情况。在降水施工过程中，还需要注意监测降水量和水位，绘制水位降深和时间曲线，为相关人员分析水位变化提供重要支持。

在建筑工程施工中，基坑降水技术对于工程的质量及稳定性具有重要意义，其主要工作内容为地下水处理与稳定边坡。在对积水进行处理的过程中，为避免发生土体移位，采用基坑降水技术，需要在工程施工期间充分了解当地的地质结构和具体的情况，选择相适应的方案，对数据进行采集，做出对土壤成分和基坑涌水量的计算与分析，唯有如此，才能更加科学地排布井点管，使基坑降水技术能够发挥保障施工安全的作用。

第二节　施工过程水回收利用技术

一、基坑施工降水回收利用技术

1. 主要技术内容

基坑施工降水回收利用技术一般包含两种技术：一是利用自渗效果将上层滞水引渗至下层潜水层中，可使大部分水资源重新回灌至地下的回收利用技术；二是将降水所抽水体集中存放，用于生活用水中洗漱、冲刷厕所及现场洒水控制扬尘，经过处理或水质达到要求的水体可用于结构养护用水、基坑支护用水，如土钉墙支护用水、土钉孔灌注水泥浆液用水，以及混凝土试块养护用水、现场砌筑抹灰施工用水等的回收利用技术。

2. 适用范围

适用于在地下水面埋藏较浅的地区。

3. 已应用的典型工程

清华大学环境能源楼工程、威盛大厦工程、中关村金融中心等。

二、雨水回收利用技术与现场生产废水利用技术

1. 主要技术内容

（1）雨水回收利用技术是指在施工过程中将雨收集后，经过雨水渗蓄、沉淀等处理，集中存放，用于施工现场降尘、绿化和洗车，经过处理的水体可用于结构养护用水、基坑支护用水，如土钉墙支护用水、土钉孔灌注水泥浆液用水，以及混凝土试块养护用水、现场砌筑抹灰施工用水等的回收利用技术。

（2）现场生产废水利用技术是指将施工生产、生活废水经过过滤、沉淀等处理后循环利用的技术。

2. 技术指标

施工现场用水应有 20% 来源于雨水和生产废水等的回收。

3. 适用范围

适用于工业与民用建筑的施工工程。

三、基坑降水的回收利用绿色施工方式

1. 将泥浆泥水进行分离

在进行地铁基坑降水施工过程中，主要有两种钻孔方式，即：旋挖干作业成孔和泥浆护壁成孔，采用旋挖干作业成孔是在地下水位比较低，成孔的部位没有地下水的地区进行的，而泥浆护壁成孔则不同，该钻孔方式主要应用于地下水位比较高的土质层，比如淤泥、砂石等地区。泥浆护壁钻孔法有许多的弊端，该方法在使用过程中会产生许多的废弃泥浆，然后会使用罐车进行运输，送至郊外进行处理，这种方式不仅效率低下，还会给周边环境造成影响，一旦在运输过程中出现泥浆泄漏，就会给人们的生活带来许多的困扰，影响整个城市的美观。还有一些施工单位把泥浆排放到市政管道当中，从而使市政管道出现阻塞现象，影响市政的运行和发展。近年来，我国政府部门高度重视这一问题，提出了节能减排、保护环境的目标，有效地限制了泥浆的排放，使得泥浆污染问题得到了有效的缓解。与此同时，政府部门也推出了许多政策，切实地保障环境的可持续发展，要求施工部门采用科学合理的技术对泥浆进行处理，使其达到排放的标准。

随着技术的不断创新和发展，我国研发出一款可以将泥浆和泥水进行分离的设备，该设备的出现大大减轻了泥浆污染，例如福州的某一地铁线路就建立了泥浆泥水分离站点，采用先进的设备将泥浆泥水进行分离，该项设备是由三大部分所构成的，主要有：分离系统、制浆系统以及压滤系统，三者互相配合，最终达到泥浆泥水分离的效果。但是，这些设备的价格是十分昂贵的，一些施工单位并没有足够的资金进行引进，所以，一些单位也可以在施工现场让工作人员自行地制作泥水泥浆分离装置，主要是把抽出来的泥浆排放到泥浆池当中，然后使用泵将泥浆送到除砂器当中，进行除砂工作，运用该方法所分离出来的砂石可以进行道路修建，可以铺设路面。泥浆第二次进入泥浆池后，也可以借助泵将泥浆送至离心机当中，进入料管，然后加上絮凝剂来调剂，最终从离心机中分离出来清水和黏土。所分离出来的清水可以进行回收利用，可用于绿化和生产用水，而黏土则可以进行造砖。基坑降水中的泥浆排出的量和地下抽出的水量相比是非常少的，但是它也具有较高的回收价值。采用泥浆泥水分离的方式所取得的成果和效益是十分显著的，该技术可以有效地避开泥浆运输的缺点，可以保护环境，进而最大限度地将水资源进行利用及回收，给施工单位带来了巨大的经济利益，同时也使得水资源得以有效地利用，有利于环境的可持续发展。

2. 充分利用回灌技术

一些基坑是十分干燥的，为了保证顺利地进行开挖，相关工作人员会先把基坑里的水位降到基坑的底下，以降低基坑里的水位，并且使基坑外的地下水位也得以降低。基坑外部的周边土体会因为空隙和杂质的排出而出现变形，使得地面发生沉降，使得地面很不均匀，致使基坑周边的建筑物发生一定程度的损坏。地铁的路线主要经过人流量较大的地方，周边的环境复杂、建筑物较多，给施工造成了阻碍，同时建筑物也会受到地面沉降的影响而不稳定，为了避免这种事情发生，相关技术人员进行了技术创新，进行回灌技术。所谓回灌技术，指的是将水引入到地下的含水层当中，让地下水位总体位置保持不变，土质仍在原有的位置，这样一来就可以有效地减少地下水位对建筑物的影响。回灌技术主要分为两个部分，地表渗入补给和井点灌注法，地表渗入补给操作比较简单，成本较低，方便管理，但是占地面积很大，不利于施工。所以在实际的施工过程中，往往会采用井点灌注法，该技术主要是在地铁的两边进行抽水和回灌，再充分结合回灌井的特点进行，有利于保持周围建筑物的稳定。在上海的某地铁线路中，就充分地应用了井点灌注技术，取得效果十分显著，有效地节约了水资源。

3. 施工工地现场用水

在地铁施工过程中，需要大量的水资源，施工的现场要有足够的水源，主要应用于生产用水和生活用水，用水量是十分大的，并且水源大多来自市政管道，这就给市政建设带来了许多的困扰。但是基坑降水的回收利用就有效地解决了这一难题，提高了水资源的利用率，减少了施工成本，并且起到了保护环境的作用，具有较强的效益。在地铁的基坑四周放置环形的管道，然后按照施工现场的状况进行沉淀，将地下降水通过管道有效地排入沉淀池中，在沉淀池上放置一个储水池进行蓄水。相关技术人员进行具体的考察和测算，合理地制作蓄水池，然后固定好蓄水池的高度，保证可以储存足够量的水，在蓄水池的上方设置一个溢流口，把这个口和马桶相连接，溢出来的水就可以进入马桶中进行冲洗厕所。另外，还要在蓄水池的底部放置一个水闸口，并且将它和各处水管进行连接，保证施工工地的现场用水。可以用于冲洗车辆、冲洗厕所等等，还可以进行过滤，使其得以循环利用。

4. 对其他水源进行补充

大多数地铁所处的地带是十分繁荣的，但是还有一些地铁会经过一些工业区、田地以及偏远地区，根据地铁线路的不确定性，相关部门采取了相应的解决措施。例如，在靠近工业区时，可以对该路段的工厂进行合理的补给，比如发电厂就会消耗大量的水资源；经过田地时，可以对土地进行灌溉和浇水，保证农作物的发展，帮助农民解决一些难题。地铁线路是比较绵长的，所以可以结合地铁的特点进行相应的设置，可以把循环水系统进行有效的发挥，在地铁的每一个站点都设置一些环卫，方便他们进行洒水，可以保护地铁周边的环境以及城市内部的环境。还有一些施工降水井可以成为长期的市政用水设备，帮助市政工程解决一些难题。采用这样的方式，可以使得地下水资源得以有效地利用，同时还节约了用水成本。

第三节　预拌砂浆技术

预拌干混砂浆又叫干拌砂浆、干粉砂浆和干砂浆，是按照一定的比例对砂、水泥、矿物等掺合料进行混合得到的一种混合物，在干燥的状态下，使用散装或干粉包装的形式运输到工地。在使用时，只需要根据规定的比例加水搅拌，这是建材行业的创新，也是未来建筑材料发展的重点。

一、主要技术内容

预拌砂浆是指由专业生产厂家生产的，用于建设工程中的各类砂浆拌合物，预拌砂浆分为干拌砂浆和湿拌砂浆两种。湿拌砂浆是指由水泥、细骨料、矿物掺合料、外加剂和水以及根据性能确定的其他组分，按一定比例，在搅拌站经计量、拌制后，运至使用地点，并在规定时间内使用完毕的拌合物。干混砂浆是指由水泥、干燥骨料或粉料、添加剂以及根据性能确定的其他组分，按一定比例，在专业生产厂经计量、混合而成的混合物，在使用地点按规定比例加水或配套组分拌和使用。

1. 技术指标

预拌砂浆应符合《预拌砂浆》JG/T 2003 等国家现行相关标准和应用技术规程的规定。

2. 适用范围

适用于需要应用砂浆的工业与民用建筑。

二、应用优势

1. 提高建筑工程质量

首先，传统的砂浆现场拌合往往无严格的计量，全凭工人现场估计，不能严格执行配合比；无法准确添加微量的外加剂；不能准确控制加水量；搅拌的均匀度难以控制；原材料的质量波动大，例如，不同来源地的砂含泥量与级配均有较大差异，导致拌制的砂浆出现质量波动。其次，现场拌合砂浆施工性能差、易性差，难以进行机械施工，易产生抹灰砂浆开裂剥落、防水砂浆渗漏等问题。最后，现拌砂浆品种单一，无法满足各种新型建材的不同要求。

干混砂浆是按照产品的性能配比设计的，添加了触变润滑剂、散乳胶粉、消泡剂等材料，经过改性后的砂浆具有良好的施工品质和性能，大大减少了工程质量问题。采用预拌干混砂浆在拌合、砌筑、抹灰的时候，可以有效地提高施工效率，使施工后返修的概率越来越小。此外，在施工的过程中，降低了施工层的厚度，节省了施工材料。根据环境和气温，生产厂家可以通过调整砂浆的配方、改变砂浆的各项性能，来满足建筑工程中不同施工部位和施工环境对砂浆的技术要求，提高建筑工程的质量。

2. 降低建筑工程成本

预拌干混砂浆的使用能够减少砂浆制备流程，降低现场施工人员的工作强度，在一定程度上提高施工的效率，缩短工期。而采用传统工艺制备砂浆时，砂浆的质量对施工人员的操作技术有很大的依赖性。采用预拌干混砂浆后，可减少施工工序，避免因质量不合格导致的材料浪费。优异的施工性能和品质提高了施工质量，降低了施工层厚度，节约了材料。施工质量的提高使得维修返工的机会大大减少，同时也降低了建筑物的长期维护费用。综上所述，预拌干混砂浆有利于降低建筑工程成本。

3. 保护环境

首先，采用传统砂浆拌合时，各种原材料（包括水泥、砂、添加剂等）存放在场地里，会对周围环境造成影响；其次，搅拌砂浆的过程中会产生大量粉尘污染。此外，水泥使用过程中的粉尘排放也是施工扬尘的主要污染来源，因混凝土基本都是厂拌的商品混凝土，砂浆搅拌时使用的水泥就成了主要的污染源。而干混砂浆是工厂预拌的材料，只需在工地加水搅拌均匀即可使用，扬尘极少，更环保。由此可见，使用预拌干混砂浆技术能够使城市环境得到改善。

4. 满足各种不同工程要求

预拌干混砂浆产品种类齐全，生产企业可以根据不同的基体材料和功能要求设计配方。例如，针对各种吸水率较大的加压空气砖（俗称大白砖）、混凝土砖等墙体材料设计的砌筑与抹灰砂浆，以及用于地面要求高平整度的地坪砂浆等。预拌干混砂浆亦可满足多种功能性要求，如灌浆、修补、喷浆等。据不完全统计，干混砂浆的种类已有50多种，能够满足大部分工程的使用要求。

三、预拌干混砂浆在建筑工程中的使用

1. 在使用预拌干混砂浆之前，要熟悉使用说明书，并严格遵守使用规程。

2. 预拌干混砂浆在生产和使用的过程中要利用机械设备进行搅拌，以确保砂浆的均匀性。

3. 采用不同的搅拌设备，现场施工操作也有所不同。如果使用连续式搅拌机，可以根据现场施工的情况在预拌干混砂浆使用说明书上标明的加水量的基础上进行微调；如果使用的是手持式电动搅拌器，则不能对加水量进行调整。具体过程：首先在容器里加上使用说明书上规定的加水量，然后不断地在容器内搅拌，并陆续添加干拌砂浆；当干拌砂浆加完之后，宜搅拌 3 ~ 5min，随后让砂浆静置 10min，最后进行二次搅拌，时间不能少于0.5min。

4. 在施工现场，不能根据自己的需要添加其他成分来改变预拌干混砂浆的性能和用途。

5. 在现场施工时，预拌干混砂浆的拌合物温度必须满足要求。如果施工时的气温或者基面的温度低于 5℃，就必须采取相应的保暖措施对施工完毕的砂浆进行保护；若施工时的气温或者基面的温度高于 35℃，则必须采取措施防止砂浆过早凝结。

6. 预拌干混砂浆必须按照规定存放。袋装的干拌砂浆应储存在干燥通风的环境下。不同的品种和不同等级强度的袋装干拌砂浆要分开存放，严禁混用。除此之外，一定要仔细研究干拌砂浆的说明书，其储存时间不能超过保质期。对于过期的干混砂浆，必须及时报废处理，严禁使用。

四、我国预拌干混砂浆的发展现状

预拌干混砂浆的应用前景良好，在迪拜建筑市场应用十分广泛，已形成较为成熟的生产体系，且生产成本较低，在一定程度上为其推广应用提供了有利条件。在我国，因当前生产技术还不够完善，导致预拌干混砂浆成本较高，且社会对干混砂浆的认识还不足，因此推广的力度不够大。另一方面，一部分中小型企业过分追求经济效益，在生产中偷工减料，导致产品的质量下降，不利于我国干混砂浆技术的发展，对我国建筑工程行业产生了较坏的影响。

预拌砂浆是近年来随着建筑业科技进步和文明施工要求发展起来的新型建筑材料，是建筑节能要求及建筑施工现代化发展的必然趋势，是节约资源、保护环境、保证建筑工程质量、提高建筑施工现代化水平、实现资源综合利用、促进文明施工的一项重要技术手段，也是建筑业的一次技术革命。

第四节　外墙体自保温体系施工技术

1. 主要技术内容

墙体自保温体系是指以蒸压加气混凝土、陶粒增强加气砌块和硅藻土保温砌块（砖）等制成的蒸压粉煤灰砖、蒸压加气混凝土砌块和陶粒砌块等为墙体材料，辅以节点保温构造措施的自保温体系。即可满足夏热冬冷地区和夏热冬暖地区节能 50% 的设计标准。

2. 技术指标

其他技术性能参见《蒸压加气混凝土砌块》GB/T 11968 和《蒸压加气混凝土应用技术规程》JGJ 17 的标准要求。

3. 适用范围

适用范围为夏热冬冷地区和夏热冬暖地区外墙、内隔墙和分户墙。适用于高层建筑的填充墙和低层建筑的承重墙。

当前我国建筑市场的外墙保温体系主要分以下几类：外墙外保温、外墙内保温、外墙混合保温、外墙自保温以及外墙保温装饰一体化。下面分别对几种外墙保温体系进行介绍，分析各体系的优缺点及经济耐久性。

一、外墙内保温体系

外墙内保温体系是一种传统的保温方式，很早就在工程中得到了应用，这种保温体系的原理是在外墙内侧采用保温材料进行节能保温。常用的内保温材料有膨胀珍珠岩板、水泥聚苯板、混凝土加气块等。

这种保温体系的优点在于施工便捷、技术性能要求相对较低、造价低廉、升温（降温）速度快。虽然有上述优点，但这种保温体系的缺点在于建筑外墙内保温保护的位置仅仅在建筑的内墙及梁内侧，内墙及板对应的外墙部分得不到保温材料的保护，导致墙体出现热桥现象，局部产生结露，造成保温隔热墙面发霉、开裂。另外墙体内保温材料会造成室内面积的减小，降低了建筑的使用面积。

二、外墙外保温体系

外墙外保温顾名思义是一种把保温层放置在主体墙材外面的保温做法，常见的外保温材料有：挤塑聚苯板（XPS）、模塑聚苯板（EPS）、硬泡聚氨酯、发泡水泥岩棉等。

这种保温体系最大的优势在于不影响室内环境，可以保护建筑主体结构，同时可以减轻热桥的影响，保护主体结构不受温度应力变形影响，是目前应用最广泛的保温做法。

外保温体系最显著的缺点是易开裂、易脱落、耐久性差、保温性能一般、通透性差和施工操作控制方法不确定、控制措施不到位等，同时外保温材料的造价较高，后期维护成本可观，另外外墙保温体系使用的有机保温材料存在安全隐患，并且寿命远远低于建筑寿命。

三、内外混合保温体系

所谓内外混合保温体系是指在施工中将外保温施工与内保温施工两种保温模式相结合的体系结构。其优势主要体现在施工速度上，对外墙内保温不能保护到的内墙板同外墙交接处的热桥部分进行有效的保护，从而使建筑节能保温的效果更好。

这种保温体系的缺陷在于对建筑结构的损害程度较高，局部外保温、局部内保温混合的保温方式，使整个建筑物外墙主体的不同部位产生不同的形变速度和形变尺寸，建筑结构处于更加不稳定的环境中，结构变得不均匀使其产生裂缝，从而缩短整个建筑的寿命。这种保温体系的维护和使用成本相比单一的外保温和内保温体系都要高，经济性较差。

四、外墙保温装饰一体化体系

作为现代建筑产业的重要发展方向之一，装配式建筑及其施工技术发展迅速，在外墙保温技术方面，外墙保温装饰一体化技术已经实现产业化。所谓外墙保温装饰一体化是指将外墙保温和外墙装饰两个分项工程合二为一，直接安装到建筑外墙上，一次简单的施工完成保温和装饰两个分项工程。外墙保温装饰一体化是由黏结层、保温装饰铝合金板、锚固件、密封材料等组成，保温装饰一体化不仅适用于新建筑的外墙保温与装饰，也适用于旧建筑的节能和装饰改造。

保温装饰一体化体系的优势在于多功能一体化，一次施工即可解决保温装饰两项功能要求，综合成本低，节省了大量的人力物力，另外装饰层面多样化，饰面层的强度高，节能效果好。

虽然保温装饰一体化体系具有以上优势，但是缺陷也比较明显，在结构设计方面，面板与保温板的黏结需要一种特殊的胶黏剂，黏结强度必须达到规定性能要求，同时面板材料的生产过程要求高，施工安装过程复杂，整个设备体系的投资成本高。

五、外墙自保温体系

外墙自保温体系是指墙体自身的材料具有节能阻热的功能，通过选择合适的保温材料和墙体厚度的调整即可达到节能保温的目的，常见的自保温材料有：蒸压加气混凝土砌块、页岩烧结空心砌块、陶粒自保温砌块、泡沫混凝土砌块、轻型钢丝网架聚苯板等。

外墙自保温体系的优点是将围护结构和保温隔热功能结合，无须附加其他保温隔热材料，能满足建筑的节能标准，同时外墙自保温体系的构造简单、技术成熟、省工省料，与外墙其他保温系统相比，无论从价格还是技术复杂程度上来说都有明显的优势，建筑全寿命周期内的维护成本费用更低。

虽然外墙自保温体系具有许多优势，但就像其他的新兴技术一样，在其广泛应用之前都会存在一些细节问题，诸如自保温体系的设计标准、施工规程以及新型的自保温材料的开发和性能改进。

六、自保温体系的适用性、材料以及经济性

1.自保温体系的适用性

传统的建筑保温体系主要通过改变建筑围护结构的保温层厚度和墙体的厚度来达到建筑节能保温的目的，随着社会经济水平和城市规模的不断发展，建筑节能的标准越来越高，相比传统的建筑内保温和外保温体系，墙体自保温体系可以通过选择合适的墙体材料来提高建筑的节能保温效果，更容易满足现行的建筑节能标准。

虽然目前市面上有很多性能优异的节能隔热墙体材料，但并不是所有的节能隔热墙体材料都能成为自保温材料，另外我国各地区之间的气候差异巨大，不同的气候对建筑的影响很大，因此需要根据不同的气候条件选择自保温材料，依据节能标准要求，设计自保温建筑的墙体构造。

建筑物能否使用自保温体系，取决于建筑物的具体结构形式，当建筑外墙能采用较大的砌块填充面积并且混凝土的结构部位较少时，建筑物就可以选用自保温体系。因此，可以采用自保温体系的建筑结构包括框架、框筒及框架剪力墙结构，这些建筑结构的外墙都有较大的砌块填充面积，并且混凝土的结构部位较少，因此非常适合采用外墙自保温体系。

2.常用的自保温材料

目前国内各地区的建筑市场中常用的外墙自保温材料主要有以下几种：

（1）蒸压加气混凝土砌块

蒸压加气混凝土砌块是在钙质材料（如水泥、石灰）和硅质材料（如沙子、粉煤灰、矿渣）的配料中加入铝粉作加气剂，经加水搅拌、浇注成型、发气膨胀、预养切割，再经高压蒸汽养护而成的多孔硅酸盐砌块。

发气剂又称加气剂，是制造加气混凝土的关键材料。发气剂大多选用铝粉。掺入浆料中的铝粉，在碱性条件下产生化学反应：铝粉极细，产生的氢气形成许多小气泡，保留在很快凝固的混凝土中。这些大量的均匀分布的小气泡，使加气混凝土砌块具有许多优良特性。

蒸压加气混凝土砌块作为一种性能优越的节能环保材料具有保温隔热功能佳、强度可靠、施工效率高、生产能耗低、墙体管线埋设牢固可靠、原材料来源广泛等优点，尤其是作为自保温外墙，能够满足寒冷地区 65% 节能要求，因此在各种建筑工程中得到广泛的应用。

（2）页岩烧结空心砌块

页岩烧结空心砌块是经真空、高压挤塑成型后经 1000℃ 以上高温烧结而成的，材料具有收缩率小、抗压强度高、成品几何尺寸规则且重量轻等较好的物理和工艺性能，用其

砌筑后的墙体再进行抹灰时极少发生鞭裂，因而既能用作单一墙体砌筑也可与聚苯乙烯泡沫塑料板形成复合墙体。

（3）陶粒自保温砌块

陶粒自保温砌块是一种新型轻质的自保温节能砌块，规格品种多样，具有优良的技术性能和热工性能，可以满足各种建筑节能设计要求。陶粒自保温夹芯主砌块规格与陶粒自保温空心砌块相同，只是为了进一步降低其传热系数，在陶粒自保温空心砌块中填上轻质保温材料。根据设计墙体对传热系数的不同要求，可以采取填充其中一排或两排孔，也可以把所有的孔都填满。另外，陶粒自保温墙体坚固耐用，施工方法简单，而且造价比各种外墙外保温体系低很多。

（4）泡沫混凝土砌块

泡沫混凝土是使用专用发泡剂与水按一定比例混合，经机械搅拌或与空气强制混合后，产生大量气泡，再与水泥浆等物料进行混合，形成一种保温性能好、强度高的低密度材料。泡沫混凝土在制作中可掺入大量的固体材料，如粉煤灰、炉渣、聚苯颗粒等材料，从而改善其自身的物理性能。与蒸压加气混凝土相比，泡沫混凝土之所以有如此优良的性能，取决于它与蒸压加气混凝土的发泡机理不同。蒸压加气混凝土的气泡不规则，大小不均，离散。而泡沫混凝土的气泡周围均挂满了水泥浆，形成了一层光滑的水泥浆壁，从而使光滑、独立、均匀、密集的气泡群结合在一起，构成了具有一定特性的泡沫混凝土。若用泡沫混凝土砌块作为外墙砌体材料，其导热系数按 $0.1W/(m \cdot K)$ 计，在厚度不足 300mm 的情况下，用于寒冷地区，作为墙体自保温体系，是完全可以达到节能 65% 标准的。

3. 自保温体系的经济性分析

目前国内外学者对建筑节能方案的经济性评价通常采用生命成本周期理论，简称 LCCA，本文用 LCCA 方法评价分析墙外自保温体系，从建筑全生命周期角度来评估该体系的经济效果，也即建造成本及能源消耗总费用。重庆大学的王厚华等率先提出了适合我国国情的自保温体系生命周期成本分析的数学模型，该模型利用采暖及空调度日数来计算建筑的冷热负荷。为了简化计算，本文的 LCCA 方法仅考虑建筑建造及后期维护成本。

以采用页岩烧结空心砌块的某建筑外墙保温体系为例，相比未采取保温措施的普通外墙，自保温体系的初期建造成本有所增加，空心砌块的建造费用增加了约 48.1%，整个建筑的混凝土体系建造费用增加了 35.7%，在后期建筑维护过程中，建筑外墙的自保温体系可节省空调费用 124.63 元 /m²，将上述参数代入到 LCCA 方法中，计算得到外墙自保温体系可节省 95.12 元 /m²，建筑全生命周期的综合经济效益显著。

七、自保温体系技术处理

1. 自保温体系构造形式

墙体自保温体系参考外墙框架结构的厚度，可分为两种基本构造：第一种是单一的 200mm 的自保温墙体材料外加专用的墙体砌筑砂浆，第二种是厚度大于 200mm 的墙体材料外加专用的墙体砌筑砂浆，在建筑结构中易产生热桥的地方粘贴节能型材料做建筑保温层，另外在配套表面涂抹砂浆。

不管采用哪种类型的结构形式，外墙自保温体系必须要选择合适的保温隔热材料、饰面层材料以及稳定的连接节点，同时混凝土的结构部位必须进行特殊处理，另外建筑热桥部位所选取的保温材料必须保证外墙饰面层不出现开裂空鼓等现象。

2. 存在的主要技术问题及解决方法

墙外自保温体系的墙体构造需要结合不同地区的气候条件进行设计，墙体的厚度也略有不同，自保温体系的推广需要考虑以下几个关键技术问题：

（1）热桥处理

热桥对建筑围护结构的热功能耗存在一定的影响，在外界环境气温较低时，容易产生结露现象，同时由于外墙自保温体系中的热桥部位相对其他保温体系要多，热桥部位需要采用合适的措施进行处理。对保温层厚度大于或等于50mm的热桥部位，可以采用保温砌块砌筑。外墙填充墙保温可选择用外露、半包或全包的方式解决。厚度小于或等于50mm的热桥部位，可以选择外露柱构造处理，采用无机保温砂浆，要满挂网，再使用锚栓进行固定；厚度为 50 ~ 100mm 的热桥部位，可选择半包柱构造进行处理，使用空心辅助砌块，适宜满挂网；厚度大于100mm的热桥部位，可选择全包柱构造进行处理，使用空心砌块进行砌筑；当采用无机保温砂浆做保温材料时，其构造也要满足相关规定。保温层的厚度不同的热桥部位，采用的处理措施也不同，通常的处理措施有外露柱、半包柱和全包柱。

（2）配套材料

外墙自保温系统的配套材料一般包含专用砌筑砂浆、连接件等，其中砌筑砂浆的热导率对热桥的形成和自保温墙体的保温隔热性能有重要影响，砌筑砂浆的热导率越高，形成的热桥数量越多，对于自保温体系，必须使用低热导率的砌筑砂浆，另外砌筑的分层度、体积密度以及蓄热系数都要符合相关规定，这些参数都要跟墙体材料的相关参数对应，才能实现隔热的作用，防止外墙开裂。

（3）节点处理

外墙自保温体系的墙体材料有非承重和承重两种类型，不论是哪种类型，外墙部位都存在与其他构件的联结，不同构件的材料力学性能、厚度和表面状况都不同，受力后的变形情况也存在差别，很难保证连接部位的表面平整度。KNG 砌块是以水泥、粉煤灰为胶结料，炉渣、浮石、煤矸石、工业废渣、陶粒为原料制作而成的砌块。以 KNG 砌块构造为例进行的构造节点处理，用于外墙保温砌块时，在孔洞中加入保温材料，内隔墙为空心砌块，均为通孔。

（4）外饰面层

对于外墙自保温体系的外墙饰面层，需要根据不同的外饰面层考虑不同的设计要求，假如外饰面层采用薄抹灰体系，这种情况下就必须考虑外墙砌筑时的平整度，工艺施工的难度有所提高，如果选用砂浆进行粉刷时，必须考虑粉刷层的后期开裂问题，同时还要考虑分格缝的几何尺寸以及密封材料的嵌缝处理等设计。

第五节 粘贴保温板外保温系统施工技术

一、粘贴聚苯乙烯泡沫塑料板外保温系统

1. 主要技术内容

粘贴保温板外保温系统施工技术是指将燃烧性能符合要求的聚苯乙烯泡沫塑料板粘贴于外墙外表面，在保温板表面涂抹抹面胶浆并铺设增强网，然后做饰面层的施工技术。聚苯板与基层墙体的连接有黏结和粘锚结合两种方式。保温板为模塑聚苯板（EPS）或挤塑聚苯板（XPS）。

2. 技术指标

系统应符合《外墙外保温工程技术标准》（JGJ 144-2019）《模塑聚苯板薄抹灰外墙外保温系统》（DB34/T 2839-2017）标准要求。

3. 适用范围

该保温系统适用于新建建筑和既有房屋节能改造中各种形式主体结构的外墙外保温，适宜在严寒、寒冷地区和夏热冬冷地区使用。

二、粘贴岩棉（矿棉）板外保温系统

1. 主要技术内容

外墙外保温岩棉（矿棉）施工技术是指用胶黏剂将岩（矿）棉板粘贴于外墙外表面，并用专用岩棉锚栓将其锚固在基层墙体，然后在岩（矿）棉板表面抹聚合物砂浆并铺设增强网，然后做饰面层，其特点是防火性能好。

2. 技术指标

该系统应符合《外墙外保温工程技术标准》（JGJ 144-2019）和《绝热用岩棉、矿渣棉及其制品》（GB/T 11835-2016）要求。

3. 适用范围

该保温系统适用于低层、多层和高层建筑的新建或既有建筑节能改造的外墙保温，适宜在严寒、寒冷地区和夏热冬冷地区使用。

三、粘贴外保温节能技术的特点与优势

1. 特点

外保温节能施工技术是一种具有高效环保节能作用的建筑技术，即采用聚苯板和纤维作为保温材料，提升建筑稳定能力和防裂能力。在建筑外墙施工过程中，施工人员采用保

温节能技术，阻断保温材料和建筑外墙之间的空隙，从而有效降低外界因素对墙体的破坏力，防止建筑物受到紫外线的辐射以及气候因素的影响，防止热桥现象的发生。建筑物外墙施工建设中引用先进的外保温节能技术，能够减少建筑受外部温度与室内温度的冷热差距造成的变形等现象，提高建筑的耐抗力。因此，采用保温节能技术不仅对建筑物能够起到很好的保温效果，还能确保建筑物的稳固性。

2. 优势

第一，增强建筑主体结构耐受力。在外墙施工过程中采用外保温节能技术，能够有效地阻挡外部有害气体和紫外线对施工建筑物造成的气体和辐射破坏，降低受风暴、强降水等恶劣天气的影响，防止建筑物出现裂缝、坍塌等问题，在一定程度上保护了建筑主体的结构，减轻了后续维修工作的压力。

第二，提高建筑墙体的热工性能。利用外保温节能技术能够对建筑墙体起到保温作用，减少蒸汽的渗透，能够保证室内温度保持在稳定的状态内，降低了建筑内暖气、空调等家具设备的耗电量，节约了电力资源。

第三，改善建筑内部的气温条件。外墙保温节能技术能够提高建筑外墙的保温能力，避免墙体产生热桥效应，减少建筑物热量的损失，使建筑不容易受到室外降水、潮湿等气温的影响，确保室内的温度适宜人们的居住，为人们的生活提供了温度保障。

四、在外墙施工中的实际应用

1. 准备施工材料

外墙保温节能技术能够有效地节约成本，起到保温和环保的作用，而良好的保温材料是影响保温效果的关键因素。在建筑外墙施工作业时，首先，施工人员要注重对保温材料的选择，根据建筑场地和建筑物的实际情况，选择适合施工的材料种类，尽量选用聚苯板和苯板等抗裂性和耐受性比较强的保温材料。同时注意对已选定的材料进行加工，如二次利用聚苯乙烯塑料作为建筑施工的材料时，要对聚苯乙烯材料严格处理，使材料分解成规格介于 0.6 ~ 3.5mm 之间的颗粒状，确保材料能正常使用。其次，施工人员要加强对网的选择，在可用材施工网的基础标准上，选用高质量的耐碱网格布，不仅能够增强建筑物的抗拉强度，还能提升建筑主体的抗裂性。最后，需要建筑外墙的施工人员选择好装饰涂料，作为建筑施工的最后环节，区别于收缩度大、易开裂的传统涂料，选用先进的、优质的装饰涂料不仅能够降低内部空气中有害分子的产生，还能起到节能的作用。施工人员可以根据当前施工阶段的需要，在配置好的水泥砂浆中加入适量的纤维，保证装饰涂料具有更高的质量，为外墙外保温节能技术在建筑施工中的有效应用做好基础准备。

2. 规范施工流程

（1）建筑外墙基层处理。在建筑外墙施工过程中，应用保温节能技术对外墙体做合理的处理，根据建筑墙体的实际情况进行深度清理，对于已经出现裂纹和缝隙的外部墙体做适当的填充，以防止建筑物墙体后期出现更大的问题。施工人员对基层墙体处理时，可以用1：2的水泥砂浆抹平，在进行抹灰前，要保证墙面的干净平滑，无凹凸和明显纹路，确保抹灰层和墙面接触层各个结构之间的无空隙并且牢固。相关施工人员在对墙体处理时，必须按照建筑标准，严格控制墙体内部储存的水分和湿度，避免湿度过大破坏墙体的稳固性。还可以通过配制黏结的聚合物砂浆来处理。例如，准备砂浆干粉与水，按照5：1的比例进行调配，采用科学的搅拌技术，或是使用电动搅拌器进行搅拌3～5min，调和好的材料放在温度适中的地方静置5min，最后均匀地搅拌，确保调配的砂浆干粉和水融合。工作人员在操作过程中应要格外注意，对于调和好的砂浆要放置在阴凉的地方，避免受到风吹日晒。采用合理的调配技术，加强对建筑外墙基层墙体和墙面的处理，能够有效地加强后续建筑施工过程的保温工作顺利进行。

（2）保温板的粘贴。保温板的粘贴技术在建筑外墙施工工作中的难度最大，需要施工人员加以重视，确保所使用的保温板的质量符合建筑的标准。在建筑外墙施工阶段，施工人员可以采用布胶法，如将事先准备好的粘胶剂规范地抹在保温板的周围，工作人员应注意在保温板的顶部中间的位置上留出大概40mm的排气孔，保证墙体具有透气性，为确保保温板和墙体黏结稳固，在粘胶时尽量使黏结层的厚度保持在6～10mm之间。在建筑外墙施工环节，施工管理人员可以采用保温板与砂浆黏合的方法作为对墙体进行保温的方法，注意施粘贴保温板前，保证砂浆与保温板无隙接触，及时清除保温板周围多出的聚合物砂浆，确保在粘贴保温板过程中施工的精细度，提高保温节能技术在建筑施工中的应用效果。

（3）固定装置。安装固定装置是建筑外墙施工中的重要环节。在使用固定装置进行安装时，需要相关施工工作者反复审查，确认粘贴的砂浆已经处于干燥的状态，防止出现因砂浆没有完全干燥，固定装置安装位置有所变动，甚至使保温板发生不可控的位移现象，极大程度上降低了保温效果，增加建筑外墙的施工工作压力和困难。例如，在安装混凝土螺钉时，需要施工人员严格把控时间，在保温板粘贴完成至少24h后进行安装。同时，安装混凝土螺钉需要嵌入混凝土和块砖的长度不能低于40mm，确保混凝土螺钉布置在保温板之间的交界处，增强墙体的稳固性。施工管理者要根据建筑墙体的实际面积和实际情况决定安装的混凝土螺钉的数量。在混凝土螺钉安装完毕后，需要施工人员在墙面彻底干燥后，使用聚合物砂浆对螺钉的钉帽进行抹平，避免因墙面的凸起影响建筑墙体的美观。

（4）贴压网格布和抗裂砂浆。在对保温板安装固定装置后，需要施工人员进行贴压网格布处理，将网格布紧贴于底层的砂浆上，确保网格布与底部接触面之间无缝隙，防止网格布出现褶皱和不平整的现象。同时，避免网格布挤压过度，保证网格布必须在底层砂浆的外层，避免因挤压过度嵌入砂浆中。施工人员做好网格布贴压工作后，还可以采用玻璃纤维和砂浆加快建筑施工的时效，在泥浆风干后，施工人员应根据情况进行二次补涂，将泥浆的厚度尽量控制在1～2mm间，严格注意面层的砂浆不能来回揉搓，防止出现孔隙和变形等问题。

第七章　绿色施工与建筑信息模型（BIM）

建筑业以其能源及资源的消耗巨大而成为所有行业的排头兵。这就成为我们怎样实现建筑业的节能减耗，促使国民经济持续、健康、稳步地发展以及建设资源节约型社会重要问题，下面笔者将从绿色施工技术和建筑信息模型的概念为突破口，来分析其对建设资源节约型社会的重要性。

第一节　绿色施工

如今，快速的城市化进程、巨大的基础建设量、自然资源及环境的限制，决定了中国建筑节能工作的重大意义和时间紧迫性，因此建筑工程项目由传统高消耗向高效型模式发展已成为大势所趋，而绿色建筑的推进是实现这一转变的关键。绿色节能建筑施工，符合可持续发展战略目标，有利于革新建筑施工技术，最大化地实现绿色建筑设计、施工和管理，以便获取更大的经济效益、社会效益和生态效益，优化配置施工过程中的人力、物力、财力，这对于提升建筑施工管理水平，提高绿色建筑的成本效益大有裨益。

一、绿色施工面临的问题

（一）绿色节能建筑施工面临的问题

国内外绿色施工管理的研究及实践以传统的施工流程为基础，考虑绿色建筑施工特点将项目管理的全寿命周期与可持续发展的思路运用于绿色工程实践中，传统的建设项目一般可以划分成决策阶段、初步设计阶段、施工图设计阶段、招投标阶段、施工阶段以及竣工验收阶段，从项目的全寿命周期来看，传统施工的决策阶段为概念阶段，初步设计到招投标为设计阶段，施工及竣工为施工阶段，此后为转交业主、退出运营阶段。在这种施工流程下，业主一般以平行承发包的方式招标勘察、设计、施工、监理等单位。然而这些利益相关方多且与绿色建筑成本节约目标不一致，这些单位只关心自己负责的工作，缺乏沟通、相互脱节，给一些单位可乘之机，使得前期勘察工作不会做得深入细化，很多勘察阶段的问题会暴露在设计、施工、运营当中，返工及补救措施会增加全寿命周期成本，更有甚者，这些遗留问题会对施工及运营造成很大隐患，也会导致设计单位重技术、质量而轻经济，在施工图纸设计中不考虑造价，将技术、安全、质量提升很高，对于技术经济的平衡性考虑不够。

1. 建筑全寿命周期的功能设计及降低成本的出发点有待改善

以最低的成本达到利益的最大化，重视经济效益，必要时可牺牲环境效益，并且注重设计、施工阶段建筑的基本功能，缺乏可持续发展、全寿命期内在基本功能基础上考虑节能绿色元素以及全寿命周期成本的权衡。

2. 现有的施工流程与绿色建筑认证的需求不匹配

目前的绿色施工认证中对于建筑全寿命周期、绿色、节能、环保以及以人为本的要求是旧有的，施工流程在对这些问题的考虑上是不足的，在接到项目工作后，往往是按照甲方提供的施工设计方案进行组织实施。

由于当前绿色建筑施工重视施工阶段的工作，对绿色节能建筑全寿命周期的功能性设计和成本方面的要求考虑不足，以及现有的施工流程与绿色建筑认证的需求不匹配问题的存在，常常导致绿色建筑在策划、设计、施工阶段缺乏绿色环保因素、全寿命周期因素及可持续发展因素的考虑；设计图纸实施时，材料、方案的可用性，经济与功能匹配性存在很大风险，最终导致绿色施工难以顺利实施。因此，为了保证项目在造价、进度、质量及绿色认证标准的约束下顺利完成，前期的方案选择和设计深度优化就成为最为关键的问题，然而这在传统的施工流程中比较欠缺，需要考虑绿色施工的特点，在传统施工管理流程基础上分别增加方案选择和设计优化环节，对重点问题进行考虑与优化。

（二）绿色节能建筑施工的特点

1. 以客户为中心，在满足传统目标的同时，考虑建筑的环境属性

传统建筑是以进度、质量和成本作为主要控制目标，而绿色建筑的出发点是节约资源、保护环境，满足使用者的要求，以客户的需求为中心，管理人员需要更多地了解客户的需求、偏好、施工过程对客户的影响等，此处的客户不仅仅包括最终的使用者，还包括潜在的使用者、自然等。传统建筑的建造和使用过程中消耗了过多的不可再生资源，给生态环境带来了严重污染，而绿色建筑正因此在传统建筑施工目标的基础上，优先考虑建筑的环境属性，做到节约资源、保护环境、节省能源，讲究与自然环境和谐相处，采取措施将环境破坏程度降到最低，进行环境破坏修复，或将不利影响转换为有利影响，同时为客户提供健康舒适的生活空间，把满足客户体验作为另一目标。最终的绿色建筑不仅要交付一个舒适、健康的内部空间，也要制造一个温馨、和谐的外部环境，最终追求"天人合一"的最高目标。

2. 全寿命周期内，最大限度利用被动式节能设计与可再生能源

不同于传统的建筑，绿色建筑是针对建筑的全寿命周期范围，从项目的策划、设计、施工、运营直到建筑物拆除的过程中。保护环境、与自然和谐相处的建筑。在设计时提倡被动式建筑设计，就是通过建筑物本身来收集、储蓄能量，使得其与周围环境形成自循环的系统。这样能够充分利用自然资源，达到节约能源的作用。设计的方法有建筑朝向、保温、形体、遮阳、自然通风采光等。现阶段节能建筑的大力倡导，使得被动式设计不断被

提及，而研究最多的就是被动式太阳能建筑。在建筑的运营阶段如何降低能耗，节约资源、能源是最为关键的问题，这就需要尽量使用可再生的能源，做到一次投入，全寿命周期内受益，例如将光能、风能、地热能等合理利用。

3. 注重全局优化，以价值工程为优化基础，保证施工目标均衡

绿色建筑从项目的策划、设计、施工、运营直到建筑物拆除过程中，追求的是全寿命周期范围内的建筑收益最大化，是一种全局的优化，这种优化不仅仅是总成本的最低化，还包括社会效益和环境效益的最大化，如最小化建筑对自然环境的负面影响或破坏程度，最大化环保效益、社会示范效益。绿色施工虽然可能导致施工成本增大，但从长远来看，将使国家或相关地区的整体效益提高。绿色施工做法有时会造成施工成本的增加，有时会减少施工成本。总体来说，绿色施工的综合效益一定是提高的，但这种提高也是有条件的，建设过程有各种各样的约束，进度、费用、环保等，因此需要以价值工程为优化基础保证，施工目标均衡。

4. 重视创新，提倡新技术、新材料、新器械的应用

绿色建筑是一个技术的集成体，在施工过程中会遇到诸如合理规划选址、能源优化、污水处理、可再生能源的利用、管线优化、采光设计、系统建模与仿真优化等技术问题。相对于传统建筑而言，绿色节能建筑在技术难度、施工复杂度以及风险把控上都存在很大的挑战。这就需要建筑师和各个专业的工程师共同合作，利用多种先进技术、新材料及新器械，以可持续发展为原则，追求高效能、低能耗，将同等单位的资源在同样的客观条件下，发挥出更大的效用。国内外实践中应用较好的技术方法有 BIM、采光技术、水资源回收利用等技术。这些新技术应用可以提高施工效率，解决传统施工无法企及的问题。因此，绿色施工管理需要理念上的转变，也需要施工工艺和新材料、新设施等的支持。施工新技术、材料、机械、工艺等的推广应用不仅能够产生好的经济效益，而且能够降低施工对环境的污染，创造较好的社会效益和环保效益。

（三）绿色节能建筑施工关键问题

从绿色节能建筑的特点可以看出绿色节能建筑施工是在传统建筑施工的基础上加入了绿色施工的约束，可以将绿色施工作为一个建筑施工专项进行策划管理。根据绿色施工的特点、绿色施工案例和文献，结合 LEED 标准及建设部《绿色施工导则》等标准梳理出绿色节能建筑施工关键问题，这些问题是现在施工中不曾考虑的，也是要在以后的施工中予以考虑的。

1. 概念阶段的绿色管理

项目的概念阶段是定义一个新的项目或者既有项目开展的一个变更的阶段。在绿色施工中，依据"客户第一，全局最优"的理念，可以将绿色施工概念阶段的绿色管理工作分成四部分。首先，需要依据客户的需求制作一份项目规划书，将项目的意图、大致的方向确定下来；其次，由业主制定一套项目建议书，其中绿色管理部分应包含建筑环境评价的

纲要、制定环境评价的标准、施工方依据标准提供多套可行性方案；再次，业主组织专家做好可行性方案的评审，对于绿色管理内容，一定要做好项目环境影响评价，并从中选出一套可行方案；最后，业主需要确定项目范围，依据项目范围做好各项项目计划，包括绿色管理安排，另外设定目标，建立目标的审核与评价标准。该阶段以工程方案的验收为关键决策点，交付物为功能性大纲、工程方案及技术合同、项目可行性建议书、评估报告及贷款合同等。

2. 计划阶段的绿色管理

当项目论证评估结束，并确定项目符合各项规定后，开始进入计划阶段，需要将工程细化落实，但不仅仅是概念阶段的细化，它更是施工阶段的基础。此阶段需要做好三方面工作：

（1）征地、拆迁以及招标。

（2）选择好施工、设计、监理单位，并邀请业主、施工单位、监理单位有经验的专家参与到设计工作中，组织设计院对项目各项指标参数进行图纸化及模型化，包括资源、资金、质量、进度、风险、环保等计划，此过程会发生变更，各方需做好配合和支持工作，组织专家对设计院提交的设计草图和施工图进行审核。

（3）做好项目团队的组建，开始施工准备，做好"七通一平"（通电、通水、通路、通邮、通暖气、通信、通天然气以及场地平整）。此阶段以施工图及设计说明书的批准为关键决策点，交付物为项目的设计草图、施工图、设计说明书以及项目人员聘用合同。

3. 施工阶段的绿色管理

在设计阶段评审合格后，需要将图纸和模型具体化，进行建造施工以及设备安装。施工方应组织工程主体施工并与供应商进行设备安装。此时，主要责任部门为施工方，设计部门做好配合和支持工作，业主与监理部门做好工程建设过程的监督、审核，并做好变更管理和过程控制。此阶段是资源消耗与污染产生最多的阶段，因此在此阶段施工单位需采取四项重要措施：

（1）建立绿色管理机制。

（2）做好建筑垃圾和污染物的防治和保护措施。

（3）使用科学有效的方法尽可能高地利用能源。

（4）业主与监理部门做好工程建设过程的跟踪、审核、监督与反馈，特别是对绿色材料的应用以及污染物的处理。此阶段以建筑安装项目完工验收为关键决策点，交付物为工程主要节点的验收报告以及符合标准的建筑物、构筑物及相应设备。

4. 运营阶段的绿色管理

运营维护阶段是绿色节能建筑持续最长的阶段。建筑安装项目结束后，需要对仪器进行调试，培训操作人员，业主应组织原材料，并与工程咨询机构配合，做好运营工作；当建筑到达设计寿命期限，需要做好拆除以及资源回收的工作；在工程运行数年之后按照要求进行后评价，具体是三级评价，即自评、同行评议以及主管部门（或主要投资方）的评价，目的是提炼绿色节能建筑施工运营工作中的最佳实践，进一步提升管理能力，为以后的绿色建筑建设运营做先导示范作用。此阶段交付物为工程测试的技术、系统成熟度检验报告、三级后评价报告、维管合同、拆除回收计划、符合标准要求的建筑物、构筑物、设备、生产流程，以及懂技术、会操作的工作人员。

二、基于 BIM 及价值工程的施工流程优化

（一）绿色施工流程优化

从绿色施工企业面临的现状及问题可以看出，当前绿色建筑施工对绿色节能建筑全寿命周期功能性设计和成本方面要求考虑不足，在绿色环保以及全寿命周期及可持续发展因素上有待加强，在接到甲方提供的建筑需求图纸和绿色功能要求能否实施，材料、方案能否应用，经济功能能否满足需求这些方面都是有待考证的。引入这些施工要素势必会引起施工成本增加、流程变复杂，施工周期、风险也会相应加大，如何在多重约束下实现绿色目标是需要权衡成本和功能的，并且在方案确定之后由于甲方在建筑性能及结构上的独特需求，往往造成方案施工难度大，稍有不慎又会引起高昂的返工造价费用。因此，前期在初步设计阶段，接到概念性的设计图纸之后，就要对拟选用的方案做好全寿命周期的功能及成本平衡分析，从设计源头就选择功能成本相匹配的方案，基于此在以后的设计阶段不断增加设计深度，在施工图纸出具之后至施工前，对设计进行深化，提高专业的协同、模拟施工组织安排，合理处置施工的风险，减少施工返工，保障施工一步到位，可以对绿色施工面临的重视施工阶段、缺乏合理的功能成本分析以及施工流程与绿色认证要求不匹配问题进行应对。

现有的施工流程中缺少方案选择和设计深化部分，可以考虑在整个管理流程上分别增加环节，重点是在初步设计阶段引入方案的选择与优化，鉴于价值工程强大的成本分析、功能分析，从绿色建筑全寿命周期的角度入手，给出功能定义和全寿命周期成本需要考虑的主要因素，利用价值工程在多目标约束下均衡选优的作用，对业主提供的绿色施工方案从全寿命周期的功能与成本分析，做到从最初阶段入手，提高项目方案优化与选择的效率和效益，同时也可以利用方案选择与优化的过程与结果说服甲方和设计方，作为变更方案的依据。

尽管通过方案优化选择确定施工方案后，由于建筑结构复杂性、施工难度等问题，使得传统施工不能发挥很好的作用，但可以在施工前加入方案的深度优化，利用 BIM 强大的建模、数字智能和专业协同性能，进行专业协同、功能模拟、施工进度模拟等对施工方案进行深化，合理安排施工。最后将管理向运营维护阶段延伸，最终移交的不单单是建筑本身，相应的服务、培训、维修等工作也要跟上。需要说明的是，价值工程及 BIM 的应用可以贯穿全寿命周期，因为初步设计阶段后和施工前是价值工程和 BIM 最重要的应用环节，因此要应将这两个环节加入原有的施工流程。

（二）基于价值工程的施工流程优化

初步设计施工企业接到概念性的设计图纸之后，就需要对拟选用的方案做好全寿命周期功能及成本平衡分析，从设计源头就选择功能与成本相匹配的方案，基于此在以后的设计阶段不断增加设计深度。价值工程的主要思想是整合现有资源，优化安排以获得最大价值，追求全寿命期内低成本、高效率，专注于功能提升和成本控制，利用量化思维，将无法度量的功能量化，抓住和利用关键问题和主要矛盾，整合技术与经济手段，系统地解决问题和矛盾，在解决绿色建筑施工多目标均衡、提升全寿命周期内建筑的功能和成本效率以及选择新材料、新技术上有很好的实践指导作用。因此可以在绿色施工的概念设计出具之后增加新的流程环节，组织技术经济分析小组对重要的方案进行价值分析，寻求方案的功能与成本均衡。价值工程在方案优化与选择环节主要用途为：挑选出价值高、意义重大的问题，予以改进、提升和方案比较、优选。其流程为：确定研究对象；全寿命周期功能指标及成本指标定义；恶劣环境下样品试验；价值分析；方案评价及选择。

1. 全寿命周期功能指标及成本指标定义

在确定研究对象之后，进行功能定义和成本分析。参照 LEED 标准、绿色建筑评价标准以及实践经验，总结绿色建筑研究对象的功能的主要内容，价值工程理论一般将功能分为基本功能、附属功能、上位功能以及假设功能。基本功能关注的是使用价值和功能价值，即该产品能做什么；附属功能一般是辅助作用，一般是外观设计，关注的是产品还有其他什么功能；后两种功能超出产品本身，一般不在功能分析里讨论。

全寿命周期成本一般包括初期投入成本和后期的维护运营成本。细化来看初期成本包括直接费（原材料费用、人工费、设备费用）、间接费、税金等；后期的运营成本包括：管理费、燃料动力费、大修费、定期维护保养费、拆除回收费等。

2. 恶劣环境下样品试验

由于建筑物的绿色特性，在设计施工中常常会用到一些新材料、构件，此时需进行样品加工、交检，经检验员对样品进行恶劣环境下如高温暴晒、干燥、潮湿、酸碱等环境下试验，由质检员根据样品的性能指标做最终评审，并记录各项实验指标。

3. 方案评价及选择

依据样品试验以及所求的价值系数，利用价值工程原理对已有方案进行价值提升或者对于新方案进行优选。一般存在五条提高价值的途径，可根据项目掌握的信息、市场预测情况、存在的问题以及提高劳动生产率、提高质量、控制进度、降低成本等目标来选择对象合适的方案。

（三）绿色节能建筑施工流程优化应用

将细节数据全部展现出来，其目标是以最小投入获得最大功能，这与绿色建筑施工追求的全寿命周期内建筑功能和成本均衡、引用新技术的特点是相一致的，因此可以将 BIM 技术作为绿色施工中的一项新技术在施工图纸出具之后，施工开始之前引入施工中，在施工流程中增加一个设计深化的环节，组织 BIM 工作小组，将施工设计进行深度优化，保障施工顺利进行。

1.BIM 技术在方案深化阶段的应用

考虑到在方案优化后各项构件的昂贵价值以及工程独特复杂性，需要尽量降低返工、误工的损失，保证施工顺利进行，成立项目部及 BIM 技术小组，将方案深度优化作为新环节加入原来施工流程。利用 BIM 技术进行 3D 建模，能量模拟、漫游，以及管线碰撞等试验，其中，在建模中充分考虑了被动节能设计，预留了采光通风通道，也通过漫游的应用分析对比并不断优化设计方案，为深度优化设计方案进行了能量模拟，对建筑的节能情况进行了分析，对不合理之处进行改进，碰撞试验解决主体、结构、水电、暖通等不同专业设计图纸的融合，通过优化方案和设计，为工程算量、管道综合布置提供了可靠的保障。BIM 技术作为新技术体现了绿色建筑注重全局优化和全寿命周期最大限度利用被动式节能设计与可再生能源的特性。

2.BIM 技术在绿色建筑其他阶段的应用

在其他阶段也可以利用 BIM 的 3D 展现能力、精确计算能力以及协同沟通能力，将其应用到绿色建筑中可以很好地体现出绿色建筑的特点。

（1）BIM 技术在决策阶段的应用

在决策阶段，在技术方案中，按照客户对绿色建筑的需求，建立建筑的 3D 模型，使得各参与方从一开始就对绿色建筑的内外环境有直观便捷的认识，在对后期建筑设计、施工、运维等方案的认识上更容易达成一致，同时也便于对外展示，起到很好的示范宣传作用。此阶段 BIM 技术应用充分体现了绿色施工以客户为中心，考虑建筑环境属性的特点。

（2）BIM 技术在施工阶段的应用

在施工阶段，运用 3D 建模指导模板支护，为结构复杂的构建施工提供了指导，以旋转楼梯为例，旋转楼梯是由同一圆心的两条不同半径的内外侧螺旋线组成的螺旋面分级而成，每一踏步都从圆心向外放射，虽然内外侧踏步宽度不同，但在每一放射面上的内外侧的标高是相同的。螺旋楼梯施工放线较为复杂，必须先做好业内工作，本工程利用 BIM 技术，导出该梯梁控制点的坐标，实现了无梁敞开式清水混凝土折板旋转楼梯的施工操作，保证施工顺利进行，实施过程无返工，节约了时间，减少了材料的浪费。

另外，进度可视化模拟节约了人工成本，能帮助没有经验及刚参加工作的管理人员更直观地认识工程实体，了解工程进度，提高施工效率；在施工阶段实施了工程算量，实现精细化生产，实际施工中，通过 BIM 算量指导钢筋、混凝土等的用量，偏差可控制在 5%左右，符合低消耗的绿色施工理念，此阶段 BIM 技术作为新技术体现了绿色建筑节能优化、追求目标均衡的特性。

第二节 建筑信息模型（BIM）

一、基于 BIM 技术的绿色建筑分析

（一）国内外绿色建筑评价标准

1. 国外绿色建筑评价标准

随着社会经济的发展，人们对环境特别是居住的舒适性提出了更高的需求，绿色建筑的发展越来越受人们的关注，绿色评价体系也随之出现。

（1）英国 BREEAM 绿色建筑评价体系

BREEAM 体系由九个评价指标组成，并有相应权重和得分点，其中"能源"所占比例最大。所有评价指标的环境表现均是全球、当地和室内的环境影响，这种方法在实际情况发生变化时不仅有利于评价体系的修改，也有益于评价条款的增减。BREEAM 评定结果分为四个等级，即"优秀""良好""好""合格"四项。这种评价体系的评价依据是全寿命周期，每一指标分值相等且均需进行打分，总分为单项分数累加之和，评价合格由英国建筑研究机构颁发证书。

（2）美国 LEED 绿色建筑评价体系

对建筑绿色性能评价基于建筑全寿命周期，LEED 评价体系的认证范围包括新建建筑、住宅、学校、医院、零售、社区规划与发展、既有建筑的运维管理，这些认证范围都是从五大方面进行分析的，包括可持续场地、水资源保护、能源与大气、材料与资源、室内环境质量。LEED 绿色评价体系较完善，未对评价指标设置权重，采用得分直接累加，大大简化了操作过程。LEED 评价体系的评价指标包括室内环境质量、场地、水资源、能源及大气、材料资源和设计流程的创新。LEED 评价体系满分 69 分，分为认证级（26~32 分）、银级（33~38 分）、金级（39~51 分）、白金级（52 分以上）四类。

（3）德国 DGNB 绿色建筑评价体系

德国 DGNB 绿色建筑评价体系是政府参与的可持续建筑评估体系，该评价体系由德国交通部、建设与城市规划部以及德国绿色建筑协会发起制定，具有国家标准性质和较高的权威性。DGNB 评价体系是德国在建筑可持续性方面的结晶，DGNB 绿色建筑评价标准体系有以下特点：第一，将保护群体进行分类，明确的保护对象包括自然环境资源、经济价值、人类健康和社会文化影响等。第二，对明确的保护对象制定相应的保护目标，分别是保护环境、降低建筑全寿命周期的能耗值以及保护社会环境的健康发展。第三，以目标为导向机制，把建筑对经济、社会的影响与生态环境放到同等高度，所占比例均为22.5%。DGNB 体系的评分规则详细，每个评估项有相应的计算规则和数据支持，保证了评估的科学和严谨，评估结果分为金、银、铜三级，>50% 为铜级、>65% 为银级、>80%

为金级。

2. 国内绿色建筑评价标准

我国绿色建筑评价标准相比其他发达国家起步较晚，绿色建筑评价体系是通过对建筑从可行性研究开始一直到运维结束，对建筑全寿命周期进行全方位的评价，主要考虑建筑资源节约、环境保护、材料节约、减少环境污染和环境负荷等方面，最大限度地节能、节水、节材和节地。

绿色建筑的内涵和范围不断扩大，绿色建筑的概念及绿色建筑技术不断地推陈出新，旧版绿色建筑评价标准体系存在一些不足，可概括为三个方面：

（1）不能全面考虑建筑所处地域差异。

（2）项目在实施及运营阶段的管理水平不足。

（3）绿色建筑相关评价细则不具有针对性。

（二）基于 BIM 技术绿色建筑分析方法

1. 传统绿色建筑分析流程

传统的建筑绿色性能评价通常是在建筑设计的后期进行，模型建立过程烦琐，互操作性差，分析工具和方法专业性较强，分析数据和表达结果不够清晰直观，非专业人员识读困难。

可以看出，传统分析开始于施工图设计完成之后，这种分析方法不能在设计早期阶段指导设计。若设计方案的绿色性能分析结果不能达到国家规范标准或者业主要求，会产生大量的修改甚至否定整个设计方案，对建筑设计成果的修改只能以"打补丁"的方式进行，且会增加不必要的工作和设计成本。传统的建筑绿色性能分析方法的主要矛盾表现在以下几个方面：

（1）建筑绿色分析数据分析量较大，建筑设计人员需借助一定的辅助工具。

（2）初步设计阶段难以进行快速的建筑绿色性能分析，节能设计优化实施困难。

（3）建筑绿色性能分析的结果表达不够直观，需专业人士进行解读，不能与建筑设计等专业人员协同工作。

（4）分析模型建立过程烦琐，且后续利用较差。

2. 基于 BIM 技术绿色建筑分析流程

基于 BIM 技术的建筑绿色性能分析与建筑设计过程具有一定的整合性，将建筑设计与绿色性能分析协同进行，从建筑方案设计开始到项目实施结束，全程参与整个项目中，设计初期通过 BIM 建模软件建立 3D 模型，同时 BIM 软件与绿色性能分析软件具有互操作性，可将设计模型简化后通过 IFC、XML 格式文件直接生成绿色分析模型。

（1）首先体现在分析工具的选择上面，传统分析工具通常是 DOE-2、PKPM 等，这些软件建立的实验模型往往与实物存在一定的差异，分析项目有限。基于 BIM 技术的绿色分析通过软件间互操作性生成分析模型。

（2）整个设计过程在同一数据基础上完成，使得每一阶段均可直接利用之前阶段的成果，从而避免了相关数据的重复输入，极大地提高了工作效率。

（3）设计信息能高效重复使用，信息输入过程实现自动化，操作性好。模拟输入数据的时间极大缩短，设计者通过多次执行"设计、模拟评价、修正设计"这一迭代过程，不断优化设计，使建筑设计更加精确。

（4)BIM 技术是由众多软件组成，且这些软件间具有良好的互操作性能，支持组合采用来自不同厂商的建筑设计软件、建筑节能设计软件和建筑设备设计软件，从而使设计者得到最好的设计软件的组合。此外，基于 BIM 技术的绿色性能分析的人员参与、模型建立、分析结果的表达及分析模型的后续利用与传统方法有根本的不同。

3.BIM 模型数据标准化问题

绿色建筑的评价需依靠一套完整的评价流程和体系，BIM 技术在绿色建筑分析方面有一定优势，但是在绿色建筑分析过程中涉及多种软件，各软件采用的数据格式不尽相同。因此，分析过程中涉及软件互操作性问题，软件间存在信息共享难、不同绿色建筑分析软件互操作性差和分析效率低等问题。

二、基于 IFC 标准的绿色建筑信息模型

1.IFC 标准概述

IFC 标准的 BIM 模型能将传统建筑行业中的典型的碎片化的实施模式和各个阶段的参与者联系起来，各阶段的模型能够更好地协同工作和信息共享，能够减少项目周期内大量的冗余工作。

此外，IFC 模型采用了严格的关联层级结构，包括四个概念层。从上到下分别是领域层，描述各个专业领域的专门信息，如建筑学、结构构件、结构、分析、给水排水、暖通、电气、施工管理和设备管理等；共享层，描述各专业领域信息交互的问题，在这个层次上，各个系统的组成元素细化；核心层，描述建筑工程信息的整体框架，将信息资源层的内容用一个整体框架组织起来，使其相互联系和连接，组成一个整体，真实反映现实世界的结构；资源层，描述标准中可能用到的基本信息，作为信息模型的基础服务于整个 BIM 模型。

IFC 标准在描述实体方面具有很强的表现能力，是保证建筑信息模型（BIM）在不同的 BIM 工具之间的数据共享性方面的有效手段。IFC 标准是支持开放的互操作性建筑信息模型，能够将建筑设计、成本、建造等信息无缝共享，在提高生产力方面具有很大的潜力。但是，IFC 标准涵盖范围广泛，部分实体定义不够精确，存在大量的信息冗余，在保证信息模型的完整性和数据交换的共享程度方面仍不能满足工程建设中的需求。因此对特定的交换模型清晰的定义交换需求、流程图或者功能组件中所包含的信息，应制定标准化的信息交付手册（IDM），然后将这些信息映射成为 IFC 格式的 MVD 模型，从而保证建筑信息模型数据的互操作性。

随着 IFC 版本的不断更新，IFC 的应用范围也在不断扩大。IFC 4 在信息的覆盖范围

上有较大的变化，着重突出了有关绿色建筑和 GIS 相关实体。绿色建筑信息集成方面的对应实体问题，在 IFC 4 中通过扩展相关实体有所改善，新增的实体可以使 IFC 的建筑信息模型绿色建筑信息与 XML 的信息共享程度有所改善。

2.IFC 标准应用方法

IFC 标准是一个开放的、具有通用数据架构和提供多种定义及描述建筑构件信息的方式，为实现全寿命周期信息的互操作性提供了可能。IFC 的这些特性，使其在应用过程中存在高度的信息冗余，导致信息的识别和准确获取存在一定的困难。我们可以用标准化的 IDM 生成 MVD 模型，提高 BIM 模型的灵活性和稳定性。针对建筑绿色性能分析数据的多样性和信息共享存在的问题，IFC 标准能够较好地实现建筑绿色性能分析数据的共享。对于 IFC 在建筑绿色性能分析软件互操作性差的问题，也可尝试将 IFC 标准数据转换成 XML 格式提高互操作性。

MVD（Model View Definition）是基于 IFC 标准的子模型，这个子模型定义所需要的信息由面向的用户和所交换的工程对象决定。模型视图定义是建筑信息模型的子模型，是具有特定用途或者针对某一专业的信息模型，包含本专业所需的全部信息。生成子模型 MVD 时首先要根据需求制定信息交付手册（Information Delivery Manual），一个完整的 IDM 应包括流程图、交换需求和功能组件，其制定步骤可以概括为三步：

（1）确定应用实例情况的说明，明确应用目标过程所需要的数据模型。

（2）模型交换信息需求的收集整理和建立，从另一方面说，第一步的案例说明可以包括在模型交换需求收集和建模中去，与其相对应的步骤就是明确交换需求，交换需求是流程图在模型信息交换过程中的数据集合。

（3）在明确需求的基础上更加清晰地定义交换需求、流程图或者功能组件中所包含的信息，然后将这些信息映射成为 IFC 格式的 MVD 模型。

美国国家建筑信息模型标准 NB IMS 中，对生成 MVD 模型可以总结为四个核心过程，即计划阶段、设计阶段、建造阶段和实施阶段。计划阶段首先是建立工作组，明确所需的信息内容，制定流程图和信息交换需求。设计阶段根据计划阶段制定的 IDM 形成信息模块集，进而形成 MVD 模型。建造阶段将上一步的模型转换成基于 IFC 的模型，通过应用反馈修改完善模型。实施阶段是形成标准化的 MVD 生成流程，同时检验其完整性。另外一种生成 MVD 模型的方法是扩展产品建模过程（Extended Process to Product Modeling），是在 BPPM 改进的基础上形成，BPPM 方法从三个方面改善 MVD 的生成，只用 BPPM 中流程图的部分符号代替全图符号。弱化 IDM 与 MVD 模型之间的差别。用 XML 文件代替文档文件存储交换需求、功能组件和 MVD 模型。

3.绿色建筑数据标准 XML

建筑信息模型（BIM）技术能够很好地解决建筑信息共享存在的困难，XML 作为当前主流的 BIM 格式标准，其数据格式能够存储建筑工程各专业的工程信息。但是，仍然有一些建筑绿色性能分析软件与 XML 格式文件的互操作性较差。

（1）XML 标准阐述

绿色建筑标准 XML 旨在促进建筑信息模型的互操作性，能够使不同的建筑设计和工程分析工具间具有良好的互操作性能。XML 则主要是针对 BIM 建模工具与建筑能耗分析工具间的互操作性，一些常见的 BIM 工具和分析软件均支持 XML 标准，XML 标准以可扩展 XML（Extensible Markup Language）语言为基础，XML 计算机语言在软件间进行信息共享过程中尽可能地减少人为因素的干扰。因此，绿色建筑数据交换标准最终目的是实现建筑绿色性能数据在不同分析工具之间共享，实现模型的整合。由于 XML 格式数据包含详细的建筑绿色性能相关的信息，能够直接在分析工具中进行分析。

XML V-6.01 版本标准共包含 346 个元素和 167 个数据类型，这些元素和类型基本上涵盖了建筑的几何形状、环境、建筑空间分割、系统设备和人员的作息。其中典型的节点元素有园区、照明系统、建筑、空间、楼层、材质、窗类型、分区、地理位置、年作息元素、周作息元素、历史档元素等。

XML 标准与 IFC 标准对建筑构件信息的表达方式不尽相同，对模型空间信息的解析均是通过场地、建筑、楼层、构件等方式进行分解表达，在对建筑设备信息的表示方面 XML 标准则是以水、电、暖分别进行表示，IFC 标准则是通过抽象实体 Ife Distribution System 或 Ife Distribution Element 表示。两种标准在对建筑构件信息表达方面有相同之处又有不同之处，全部实体并不都是一一对应关系。

（2）XML 与绿色建筑信息模型

绿色建筑信息标准 XML 可提高建筑信息模型的共享度，使不同的建筑设计和工程分析软件之间具有互操作性，简化设计过程和提升设计精度，设计也更加节能的建筑产品。

XML 标准建立的绿色建筑分析模型，以园区元素为根节点，关联建筑元素和场地元素，建筑元素关联楼层和空间元素。通过对 XML 标准中建筑信息的分解和表达方式的分析，结合 XML 标准建立的建筑绿色性能分析模型可用于建筑能耗、光、风、日照时长、采光等相关性能分析，建立基于 XML 标准的简化绿色建筑信息模型，以 XML 元素为模型根节点，对建筑场地设施、材质信息、建筑所处气候信息、建筑暖通空调等元素进行关联。

4.BIM 模型与绿色建筑分析软件互操作性问题

互操作性指"不同的功能单元间以一定的方式进行数据传输、转换和准确执行的能力"，在 AEC 行业中互操作性是"在不同参与者间进行数据管理和交换信息模型的能力"。基于 BIM 技术绿色建筑分析的主要障碍就是 BIM 模型与绿色分析软件间互操作性问题，限制 BIM 模型与绿色建筑分析软件互操作性的原因是开放的数据标准。

IFC 标准能够将建筑全寿命周期信息和项目所有参与专业人员集成到一个建筑信息模型中协同工作，IFC、XML 标准理论上可以提高 BIM 模型的互操作性，它们具体标准的数据架构，为传递建筑信息模型中几何信息和空间信息提供参考。在 3D 模型的信息共享中，IFC、XML 标准建筑信息模型是采用开源的数据标准清晰表示建筑信息。但是，IFC 标准在解决建筑全寿命周期中全部信息互操作性问题仍有局限性，不能很好地支持多种产品级别的建筑信息。

IFC 标准和 XML 标准在绿色建筑分析互操作方面的问题主要表现在以下几个方面：

（1）IFC 标准数据架构覆盖各种建筑信息，同时也伴随着信息冗余问题。

（2）不同公司 BIM 软件有各自的功能集合，提供了多种方式定义相同的建筑构件及其关系，因此在信息共享时如何定义建筑构件有一定困难。

（3）XML 标准在建筑绿色性能信息共享方面提供了一个可靠方法，但目前主流 BIM 建模工具不能完全支持 XML 格式，且导出 XML 文件时对模型要求较高，导出流程可操作性较差。

（4）各 BIM 软件开发者均拥有各自的一整套文件交互标准，不同公司的软件均不是采用统一开放的数据格式。

XML 标准是 AEC 行业中主流的通用数据标准，它在一定程度上提高了建筑信息模型的互操作性。但是，实际工程应用过程中，互操作性问题引起分析结果错误的现象时有发生，在绿色建筑分析过程中全面运用 XML 标准仍很困难且结果的准确性很难验证。因此，有必要对基于 IFC、XML 标准的建筑信息模型与绿色建筑分析软件之间的信息传递进行分析，确定建筑信息丢失或产生信息传递错误的内容以及探讨建筑绿色性能分析结果的准确性。

第三节　绿色 BIM

寿命周期的概念应用非常广泛，可以将该概念解释为"从摇篮到坟墓"（Cradle-to-Grave）的过程，简而言之则表示来自大自然，最终又归于自然的这一全过程，相较于产品而言，则是表示既有原料收购、加工等这一生产过程，亦有产品储存、运输等这一流通过程，还有产品的使用过程，以及产品废弃回到自然的过程，因而以上从头至尾的全过程就形成了一套完备的产品寿命周期。建筑物作为一种特殊的产品，自然也有自身的生命周期。绿色建筑的基本概念是在建筑的全寿命周期内，尽可能地维护自然资源、力图环保、减少污染，从而为人们营造一个与自然和谐相处的舒适、健康、高效的建筑空间。绿色建筑研究的寿命周期包括规划、设计、施工、运营与维护，向上扩展到材料的生产和使用，向下扩展到拆除与回收利用。建筑对资源和环境的影响在全寿命周期中则相对侧重其在时间上的意义。从规划设计之初到接下来的施工建设、运营管理，直到拆除都体现了建筑设计是不可逆的过程。由于人们对建筑全寿命周期的重视，因此在规划设计阶段则会利用"反规划"设计手段来对周边条件进行分析，减少人类开发活动的工程量，在建筑投入使用后仍能提供满足需求的活动场所，而且能减少其在拆除后对周边环境所带来的危害。

一、绿色建筑的相关理论研究

（一）绿色建筑的概念

绿色建筑相对于传统建筑的特点：绿色建筑相比于传统建筑，采用先进的绿色技术，使能耗大大降低；绿色建筑注重建筑项目周围的生态系统，充分利用自然资源、光照、风向等，因此没有明确的建筑规则和模式，其开放性的布局与较封闭的传统建筑布局有很大的差异；绿色建筑因地制宜，就地取材。绿色建筑追求在不影响自然系统的健康发展下满足人们需求的可持续的建筑设计，从而节约资源，保护环境；绿色建筑在整个生命周期中都很注重环保可持续性。

（二）绿色建筑设计原则

绿色建筑设计原则概括为地域性、自然性、高效节能性、健康性、经济性等原则。

1. 地域性原则

绿色建筑设计应该充分了解场地相关的自然地理要素、生态环境要素、气候要素、人文要素等，并对当地的建筑设计进行考察和学习，汲取当地建筑设计的优势，并结合当地的相关绿色评价标准、设计标准和技术导则，进行绿色建筑的设计。

2. 自然性原则

在绿色建筑设计时，应尽量保留或利用原本的地形、地貌、水系和植被等，减少对周围生态系统的破坏，并对受损害的生态环境进行修复或重建，在绿色建筑施工过程中，如有造成生态系统破坏的情况，需要采用一些补偿技术，对生态系统进行修复，并且充分利用自然界的可再生能源，如光能、风能、地热能等。

3. 高效节能原则

绿色建筑设计在进行体形、体量、平面布局时，应根据对日照、通风的分析，进行科学合理的设计，以减少能源的消耗。还应尽量采用可循环再生、新型节能材料，以及高效的建筑设备等，以便降低资源的消耗，减少垃圾，保护环境。

4. 健康性原则

绿色建筑设计应全面考虑人体学的舒适要求，并对建筑室外环境和室内环境的营造进行调控，设计出对人心理健康有益的场所和氛围。

5. 经济原则

绿色建筑设计应该提出有利于成本控制的、具有经济效益的、可操作性的最优方案，并根据项目的经济条件和要求，在优先采用被动式技术的前提下，完成主动式技术和被动式技术相结合，以使项目综合效益最大化。

（三）绿色建筑设计目标

对绿色建筑普遍的认知是，它不是一种建筑艺术流派，不是单纯的方法论，而是相关主体（包括业主、建筑师、政府、建造商、专家等）在社会、政治、文化、经济等背景因素下，试图进行的自然与社会和谐发展的建筑表达。

　　观念目标是绿色建筑设计时，要满足减少对周围环境和生态的影响；协调满足经济需求与保护生态环境之间的矛盾；满足人们社会、文化、心理需求等结合环境、经济、社会等多种元素的综合目标。

　　评价目标是指在绿色建筑设计、建造、运营过程中，建筑相关指标符合相应地区的绿色建筑评价体系要求，并获取评价标识。这是当前绿色建筑作为设计依据的目标。

（四）绿色建筑设计策略分析

　　绿色建筑在设计之前要组建绿色建筑设计团队，聘请绿色建筑咨询顾问，并让绿色建筑咨询顾问在项目前期策划阶段就参与项目。绿色建筑设计策略如下：

　　1. 环境综合调研分析

　　绿色建筑的设计理念是与周围环境相融合，在设计前期就应该对项目场地的自然地理要素、气候要素、生态环境要素及人工要素等进行调研分析，为设计师采用适宜的绿色建筑技术打下良好的基础。

　　2. 室外环境

　　绿色建筑在场地设计时，应该充分与场地地形相结合，随坡就势，减少不必要的土地平整，充分利用地下空间，结合地域自然地理条件合理进行建筑布局，节约土地。

　　3. 节能与能源利用

　　（1）控制建筑体形系数，以冬季采暖的北方建筑为例，建筑体形系数越小建筑越节能。可以通过增大建筑体量、适当合理地增加建筑层数或采用组合体体形来实现对建筑体形系数的控制。

　　（2）建筑围护结构节能，采用节能墙体、高效节能窗，减少室内外热交换率；采用种植屋面等屋面节能技术可以减少建筑空调等设备的能耗。

　　（3）太阳能的利用，绿色建筑太阳能利用分为被动式和主动式太阳能利用两种，被动式太阳能利用是通过建筑的合理朝向、窗户布置和吊顶来捕捉控制太阳能热量；而主动式太阳能利用是采用光伏发电板等设备来收集、储存太阳能来转化成电能。

　　（4）风能的利用，绿色建筑风能利用也分为被动式和主动式风能利用两种，被动式风能利用是通过合理的建筑设计，使建筑内部有很好的室内室外通风；主动式风能利用是采用风力发电等设备。

　　4. 节水与水资源利用

　　（1）节水，采用节水型供水系统，建筑循环水系统，安装建筑节水器具，如节水水龙头、节水型电气设备等来节约水资源。

　　（2）水资源利用，采用雨水回收利用系统，进行雨水收集与利用。在建筑区域屋面、绿地、道路等地方铺设渗透性好的路砖，并建设园区的渗透井，配合渗透做法收集雨水并利用。

　　5. 节材与材料利用

　　采用节能环保型材料，采用工业、农业废弃料制成可循环再利用的材料。

6. 室内环境质量

进行绿色建筑的室内自然通风模拟、室内自然采光模拟、室内热环境模拟、室内噪声分析模拟等。根据模拟的分析结果进行绿色建筑设计的优化与完善。

二、BIM 技术相关标准

BIM 技术的核心理念是，基于三维建筑信息模型，在建筑全寿命周期内各个专业协同设计，共享信息模型，提高工作效率。为了方便相关技术、管理人员共享信息模型，大家需要统一信息标准。BIM 标准可以分成三类：分类编码标准、数据模型标准、过程标准。

1. 分类编码标准

这是规定建筑信息如何进行分类的标准，在建筑全寿命周期中会产生大量不同种类的信息，为了提高工作效率，需要对信息进行分类，开展信息的分类和代码化就是分类编码标准不可缺少的基础技术。

2. 数据模型标准

这是交换和共享信息所采用的格式的标准，国际上获得广泛使用的包括 IFC 标准、gbXML 标准和 CIS/2 标准，我国采用 IFC 标准的平台部分作为数据模型的标准。

（1）IFC 标准是开放的建筑产品数据表达与交换的国际标准，其中 IFC 是 Industry Foundation Classes 的缩写。IFC 标准现在可以被应用到整个项目的全寿命周期中，现今建筑项目从勘察、设计、施工到运营的 BIM 应用软件都支持 IFC 标准。

（2）gbXML 是 The Green Building XML 的缩写。gbXML 标准的目的是方便在不同 CAD 系统的、基于私有数据格式的数据模型之间传递建筑信息，尤其是为了方便针对建筑设计的数据模型与针对建筑性能分析应用软件及其对应的私有数据模型之间的信息交换。

（3）CIS/2 标准是针对钢结构工程建立的一个集设计、计算、施工管理及钢材加工为一体的数据标准。

3. 过程标准

过程标准是在建筑工程项目中，BIM 信息的传递在不同阶段、不同专业产生的模型标准。过程标准主要包含 IDM 标准、MVD 标准及 IFD 标准。

三、BIM 在设计阶段应用软件介绍

1.Autodesk AutoCAD Civil 3D

Autodesk AutoCAD Civil 3D 是用于场地设计的 BIM 软件，在建筑设计前期，场地的气候、地貌、周围的建筑、周围现有交通、公共设施等都影响着设计的决策。所以对建筑场地模型的建立与分析很有必要，而借助 BIM 强大的数据收集处理特性，为场地提供了更加科学的分析和更精确的导向性计算基础，BIM 可以作为可视化和表现现有场地条件的有力工具，捕获场地现状并转化为地形表面和轮廓模型，以作为施工调度活动的基础。

GIS 技术可以帮助设计者了解不同场地特性，以及选择场地的建设方位。通过 BIM 与地理信息系统 GIS 的配合使用，设计者可以精确地对场地和拟建建筑在 BIM 平台的组织下生成数据模型，为业主、建筑师以及工程师确定最佳的选址标准。

运用 BIM 进行场地分析的优势：通过量化计算与处理，以确定拟建场地是否满足项目要求、技术因素和金融因素等标准。模拟还原场地周围环境，便于设计师进行场地的设计，建立场地模型，科学分析场地高程等情况，为建筑师进行建筑选址提供了科学的依据。通过场地模型建立，模拟场地平整，尽量降低土地的平整费用。

使用阶段：数据采集、场地分析、设计建模、三维审图及协调、施工场地规划、施工流程模拟。支持格式：DWG 等常用格式。

2.Autodesk Revit

Autodesk Revit 是以 BIM 为基础开发的软件。Autodesk Revit 可以帮助专业设计和施工人员使用协调一致的基于模型的方法，将设计创意从最初的概念变为现实的构造。Autodesk Revit 是一个综合性的应用程序，其中包含适用于建筑设计、MEP 和结构工程以及工程施工的各项功能。

（1）建筑设计工具

Autodesk Revit 可以按照建筑师和设计者的意图进行设计，从而开发出质量和精确度更高的建筑设计。查看功能以了解如何使用专为支持建筑信息建模（BIM）工作流而建的建筑设计工具，捕捉并分析设计概念，并在设计、文档制作和施工期间体现设计理念。

（2）结构设计工具

Autodesk Revit 软件是面向结构工程设计公司的建筑信息建模（BIM）解决方案，提供了专用于结构设计的各种工具。查看 Revit 功能的图像，包括改进结构设计文档的多领域协调能力、最大限度地减少错误以及提高建筑项目团队之间的协作能力。

（3）MEP 设计工具

Autodesk Revit 软件为机械、电气和管道工程师提供了多种工具，可设计最为复杂的建筑系统。查看图像以了解 Revit 如何支持建筑信息建模（BIM），从而有助于促进高效建筑系统的精确设计、分析及文档制作，适用于从概念到施工的整个周期。

使用阶段：规划、场地分析、设计方案论证、设计建模、结构分析、三维审图及协调、数字建造与预制件加工、施工流程模拟。支持格式：DWG、JPEG、GIF 等常用格式。

3.Autodesk Ecotect

Autodesk Ecotect 软件是一个全面的、从概念到细节进行可持续建筑设计的工具。Autodesk Ecotect 提供了广泛的性能模拟和建筑节能分析功能，可以提高现有建筑和新建建筑的设计性能。它也是在线资源、水和碳排放分析能力整合工具，使用户能可视化地对其环境范围内建筑物的性能进行模拟。其主要功能如下：

（1）建筑整体的能量分析。使用气象信息的全球数据库来计算逐年、逐月、逐天和逐时的建筑模型的总的能耗和碳排放量。

（2）热性能。计算模型的冷热负荷和分析对入住率、内部得益与渗透以及设备的影响。

（3）水的使用和成本评估。评估建筑内外的用水量。

（4）太阳辐射。可视化显示任意一个时段窗户和外围护结构面的太阳辐射量。

（5）日照。计算模型上的任意一点的采光系数和照度水平。

（6）阴影和反射。显示相对于模型在任何日期、时间和地点的太阳位置和路径。

除此之外，Autodesk Ecotect 还有自然通风、声学分析等功能。

使用阶段：场地分析、环境分析、能源分析、照明分析等。

第八章 绿色建筑节能技术

绿色建筑的核心内容是尽量减少能源、资源消耗，减少对环境的破坏，并尽可能采用有利于提高居住品质的新技术、新材料，以达到降低能源、资源消耗的目的。因此绿色建筑设计应突破传统的设计理念，充分考虑气候、资源、能源利用的节能目的。本章主要讲述绿色建筑节能技术及其实施。

第一节 建筑节能设计与技术

一、建筑规划布局节能

建筑规划布局节能是建筑节能的一个重要方面，应从分析气候条件出发，将规划设计与节能技术和能源利用有效结合，使采暖地区建筑在冬季最大限度地利用日照等自然能采暖，减少热损失；使炎热地区建筑夏季最大限度地减少得热和利用自然条件来防热。规划布局节能应全面综合考虑建筑布局、建筑朝向、间距、平面组合、建筑体型等因素。

1. 建筑布局

建筑布局一般分为行列式、错列式、周边式、混合式、自由式等几种，它们都有各自的特点。

行列式是指建筑物成排成行地布置。这种方式能够争取最好的建筑朝向，使大多居住房间得到良好的日照，并有利于通风，是目前我国城乡建设中广泛采用的布局方式。

错列式可以避免"风影效应"，更有利于夏季通风降温，同时可以利用山墙空隙争取日照。

周边式是指建筑沿街道周边布置，这种布置方式虽然可以围合出开阔的庭院空间供绿化休憩之用，但有相当多的居住房间因朝向和相互遮挡而日照不佳，对自然通风也不利，所以这种布置仅适于北方寒冷地区。

混合式是指行列式和周边式等形式的组合。这种方式可较好地综合多种布局方式的优点，在某些场合是一种较好的建筑群布局方式。

自由式是指地形复杂时体现地形特点的灵活合理的一种布置形式。这种布置方式可以充分利用地形，便于采用多种平面形式和高低错落的体块组合，有利于避免互相遮挡阳光，对日照及自然通风有利，是最常见的一种布置形式。

另外，规划布局中还要注意点、条组合布置，其中的点式住宅应布置好朝向，而条状住宅布置在其后，有利于利用空隙争取日照。建筑布局时，还要尽可能结合当地的夏季或冬季主导风向，这样有利于夏季争取建筑通风降温或避免冬季冷风渗透等不利影响。

2. 建筑的朝向与间距

严寒及寒冷地区的建筑为了提高室内温度，节约采暖供热，保持环境卫生与人体健康，应充分利用清洁、可再生的太阳能，选择朝向要考虑在冬季能获得尽可能多的日照，一般应以南北朝向为主。另外还应争取使大部分墙面避开冬季主导风向，以减少外墙表面散热量和冷风渗透量；建筑的间距不宜过小，以防建筑之间相互遮挡，影响日照效果。而炎热地区建筑应争取自然通风好的朝向，防止西晒；建筑的间距宜稍大一些，既有利于通风，又可通过绿化和水体防热降温。

3. 建筑平面及组合方式

建筑平面形式对保温和防热效果影响很大。在保证使用功能的前提下，建筑平面组合应充分体现当地气候特点，炎热地区建筑平面宜舒展开敞，以利于加大通风量，而建筑平面曲折过多，将大大增加外墙表面积，对建筑保温十分不利；在采暖地区平面应集中布置，如几个单元组合形成的建筑可减少部分外墙面积，有利于降低采暖能耗。

4. 建筑立面造型与体形系数

面积相同的建筑，由于立面造型的需要，可能会处理成凸出凹进的体形，造成建筑四周外墙表面积增加，建筑传热耗热量也相应加大。

建筑物体形系数宜控制在 0.30 及 0.30 以下；若体形系数大于 0.30，则屋顶和外墙应加强保温，其传热系数应符合节能标准的规定。

二、围护结构节能设计

建筑围护结构节能技术主要是指通过加大各部分围护结构的热阻，提高其保温隔热能力，在保证应有的室内环境气候的前提下，冬季减少采暖期间建筑内的热量的散失，节约采暖能耗；夏季有效防止各种室外热湿作用造成室内气温过高，节约空调能耗。这一领域的节能技术发展历史较长，相对成熟，应用十分广泛，节能潜力较大。建筑围护结构的节能，主要体现在保温、隔热性能方面，各类建筑围护结构的保温性能必须满足相应的建筑节能标准要求。

根据所应用的不同部位等特点，建筑围护结构节能技术可以分为以下几方面。

（一）外墙保温节能技术

外墙可以采用的保温构造大致可分为以下几种类型：

1. 单设保温层

单设保温层的做法是保温构造最普遍的方式，这种方案是用导热系数很小的材料做保温层与受力墙体结合而起到加强保温的作用。由于不要求保温层承重，所以选择的灵活性比较大，不论是板块状还是纤维状的材料，都可以使用。当采用单设保温层的复合墙体时，保温层的位置对结构及房间的使用质量、结构造价、施工、维持费用等各方面都有很大影响。保温层设在承重结构的室内一侧，叫内保温；设在室外一侧，叫外保温；有时保温层可设置在两层密实结构层的中间，叫夹芯保温。

2. 封闭空气间层保温

根据建筑热工学原理可知，封闭的空气层有良好的绝热作用。在建筑围护结构中设置空气间层可以明显提高保温性能，而施工方便，成本比较低，普遍适用于新建工程和既有建筑改造工程。封闭空气间层的厚度一般以4~5cm为宜。为提高空气间层的保温能力，间层表面应采用强反射材料，如铝箔就是一种具体方法。如果用强反射遮热板来分隔成两个或多个空气层，效果当然更好。为了使反射材料具有足够的耐久性，应当采取涂塑处理等保护措施。

3. 保温与承重相结合

空心板、多孔砖、空心砌块、轻质实心砌块等，既能承重，又能保温。只要材料导热系数比较小，机械强度满足承重要求，又有足够的耐久性，那么采用保温与承重相结合的方案，在构造上比较简单，施工亦较方便，这种构造适用于钢筋混凝土框架结构类型的外围护墙。

4. 混合型构造

当单独采用某一种方式不能满足建筑保温要求，或为达到保温要求而造成技术经济上的不合理时，往往采用混合型保温构造。例如，既有实体保温层又有空气层和承重层的外墙或屋顶结构，其特点是混合型的构造比较复杂，但绝热性能好，尤其在节能要求比较高或者恒温室等热工要求较高的房间，是经常采用的。

5. 外保温构造的特点

相比较而言，墙体采用外保温比内保温优点多一些，主要有以下几方面：

（1）外保温使墙或屋顶的主要部分受到保护，大大降低温度应力的起伏，提高结构的耐久性。如果将保温层放在外墙内侧，则外墙要常年经受冬夏季较大温差（可达80℃~90℃）的反复作用。如将保温层放在承重层外侧，则承重结构所受温差作用大幅度下降，温度变形明显减少。

（2）外保温对结构及房间的热稳定性有利。由于承重层材料的蓄热系数一般都远大于保温层，所以外保温对结构及房间的热稳定性有利。

（3）外保温有利于防止或减少保温层内部产生水蒸气凝结。外保温对防止或减少保温层内部产生水蒸气凝结，是十分有利的，但具体效果则要看环境气候、材料及防水层位置等实际条件。

（4）外保温使热桥处的热损失减少，并能防止热桥内表面局部结露。

（5）建筑外保温施工在基本不影响用户正常使用的情况下即可进行。另外，外保温不会占用室内的使用面积。

当然，墙体外保温也有一些不足，首先是在构造上比内保温复杂。因为保温层不能直接裸露在室外，必须有外保护层，而这种保护层不论在材料还是构造上，都比做内保温时的内饰面层要求高。其次，高层建筑墙体采用外保温时，需要高空作业，施工难度比较大，还需要加强安全措施，所以施工成本较高。

6. 外墙保温的要求

在新建的节能建筑中，墙体应优先采用密度小、自重轻、热阻大的新型生态、节能材料，如新型板材体系、空心砌块等；对于原有墙体的节能改造，应在其外侧或内侧贴装高效保温材料，如聚苯乙烯泡沫塑料板等，以实现既有建筑的整体节能水平。另外，应结合具体的外装修设计，尽可能充分地利用各种玻璃幕墙、金属饰面、石材等装饰面层与围护结构之间的空隙形成密闭的空气间层，利用密闭的空气间层的热阻，以极其经济的方式提高墙体保温能力。在保温层的一侧，还可以利用粘贴铝箔等强反射材料的方法，配合上述措施提高节能效益。通过以上技术处理，应使外墙的总传热系数达到相应建筑节能标准中总传热系数限值的要求。

（二）屋面节能技术

屋面作为建筑围护结构，对建筑顶层房间的室内气候影响不亚于外墙。在按照建筑节能设计标准要求确保其保温隔热水平的同时，还应该选择新型防水材料，改进其保温和防水构造，全面改善屋面的整体性能。常采用的具体方式有以下几种：

1. 加强保温层

这种方法是直接将屋面原有的保温层加厚，或者增加更高效的新型保温材料，使屋面的总传热系数达到相应的节能标准的要求。这是建筑保温节能工程经常采用的传统方法，优点是构造简单、施工方便。

2. 改进防水层及其保护层

屋面防水层不但要及时地排除屋面的雨水，还应该有效防止保温层受潮失效。屋面渗漏问题是建筑工程的质量通病，多年来困扰着用户并影响到屋面保温效果。有效的防治措施是彻底拆除原有沥青油毡卷材防水层，在确保施工质量的前提下，改用优质新型柔性卷材，比如改性沥青卷材或三元乙丙橡胶卷材等。防水层上必须设置强反射材料保护层，如铝粉涂层或者铝箔。强反射材料保护层的作用不可忽视，它一方面可以防止太阳辐射造成的防水层破坏及其耐久性下降，防止保温层受潮；另一方面还可以防止冬季建筑顶部房间向天空长波辐射造成的热损失而节约采暖能耗。

3. 采用坡屋面

建筑采用坡屋顶可以有效改善防水、保温等效果。由于坡屋面的排水坡度较大，不易积水，排水速度明显大于平屋面，这从根本上克服了平屋面渗漏的隐患；在坡屋顶与平屋面之间形成的空气间层增加热阻，同时增设保温层来进一步提高屋面的总热阻，利用这种构造上的优势可以用较少的投入取得显著的效果，其保温、隔热性能明显优于单独增加屋面保温层的平屋面。

既有建筑屋面改造还应该与其他改造要求统筹考虑，如果遇到楼房太阳能设施安装时，应加强各工种之间的协调与配合，全面实现改造一体化。

（三）外门窗节能技术

一栋建筑物的外门、外窗和地面在外围护结构总面积中占有相当大的比例，一般在30%~60%之间。从对冬季人体热舒适的影响方面来说，由于外门、外窗的内表面温度要明显低于外墙、屋面及地面的内表面温度，从热工设计方面上来说，由于它们的传热过程不同，因而应采用不同的保温措施；从冬季失热量来看，外窗、外门及地面的失热量要大于外墙和屋顶的失热量。玻璃窗不仅传热量大，而且由于其热阻远小于其他围护结构，造成冬季窗户表面温度过低，对靠近窗口的人体进行冷辐射，形成"辐射吹风感"，严重地影响室内热环境的舒适度，外门窗的改造将大大影响既有建筑改造的整体效果，对不同的建筑类型，应按照相应的建筑节能标准中外门窗传热系数限值合理选用节能外门窗。

外门包括住宅的户门（楼梯间不采暖时）、单元门（楼梯间采暖时）、阳台门下部以及公共建筑入口等与室外空气直接接触的各种门。通常门的热阻要比窗的热阻大，但是比外墙和屋顶的热阻小，所以外门也是建筑外围护结构保温的薄弱环节。

外门的一个重要特征是空气渗透耗热量特别大。由于门的开启频率要高得多，造成门缝的空气渗透程度要比窗户缝大很多，特别是容易变形的木质门，为了使外门满足节能标准要求，建筑设计时不但可以设置传热系数满足要求的单层节能门，有条件的情况下也可考虑设置双层外门，其节能、防寒效果更好。同时可以增设防寒门斗和防寒门帘等辅助措施来减少空气渗透耗热量，这也可以显著提高外门的整体保温效果。

1. 控制窗墙面积比

建筑外窗（包括阳台门上部）既有引进太阳辐射热的有利方面，又有冬季传热损失和冷风渗透损失都比较大的不利方面。就其总效果而言，窗户仍是保温能力最低的构件。通过窗户的热损失所占比例较大，因此我国建筑热工设计规范和节能设计标准中，对开窗面积做了相应的规定。

2. 提高气密性，减少冷风渗透

除少数建筑设置固定密闭窗外，一般窗户均有缝隙。由此形成的冷风渗透加剧了围护结构的热损失，影响室内热环境，应采取有效的密封措施。目前普遍采用密封胶条固定在门窗框和窗扇上，塑钢窗关闭时，窗框和窗扇将胶条压紧，密闭效果很好。此外，门窗框与四周墙体之间的缝隙也应该用保温砂浆或泡沫塑料等充填密封。

3. 改善窗框保温性能

由于窗框传热系数很大，故其热损失在窗户总热损失中，所占比例不小，应采取保温措施。首先，将薄壁实腹型材改为空心型材，内部形成封闭空气间层，提高保温能力。其次，开发推广塑料产品，目前已获得良好的保温效果。最后，不论用什么材料做窗框，都应将窗框与墙之间的缝隙，用保温砂浆、泡沫塑料等填充密封。

4. 改善窗玻璃的保温能力

单层窗的热阻很小，因此仅适用于较温暖地区。在采暖地区，应采用双层甚至三层窗。

这不仅是室内正常气候条件所必需，也是节约能源的重要措施。双玻璃窗的空气间层厚度以 2~3cm 为最好，此时传热系数较小。当厚度小于 1cm 时，传热系数迅速变得很大，大于 3cm 时，则造价提高，而保温能力并不能提高很多。在有些建筑中，为提高窗的保温能力，也有用空心玻璃砖代替普通平板玻璃的。

5. 建筑地面节能技术

采暖房屋地板的热工性能对室内热环境的质量和人体的热舒适有重要影响。底层地板和屋顶、外墙一样，也应有必要的保温能力，以保证地面温度不至于太低。由于人体足部与地板直接接触传热，地面保温性能对人的健康和舒适度影响比其他围护结构更直接、更明显。

体现地面热工性能的物理量是吸热指数，用 B 表示。B 值越大的地面从人脚吸热就越多，也越快。地板面层材料的密度、比热容和导热系数值的大小是决定地面的热工指标——吸热指数 B 的重要参数。以木地面和水磨石两种地面为例，木地面的 B=10.5，而水磨石的 B=26.8，即使它们的表面温度完全相同，但如赤脚站在水磨石地面上，就比站在木地面上凉得多，这是因为两者的吸热指数 B 值明显不同造成的。

第二节　建筑采光与照明节能

一、采光系统节能

1. 采光设计节能

太阳是一个巨大的能量来源，时时刻刻向地球辐射着无尽的光和热。在建筑设计中如果能够充分合理地利用日光作为天然光源，就可以营造舒适的视觉效果，并且能有效节约人工照明能耗。反之，如果没有经过精心的设计，就可能会造成建筑室内过热、过亮或者是造成照明分布不均。由于天然采光不当而造成过多的太阳辐射得热、夏季室内温度过高的现象在很多建筑中普遍存在。

建筑采光设计的主要目标是为日常活动和视觉享受提供合理的照明。对于日光的基本设计策略是不直接利用过强的日光，而是间接利用。间接利用日光是为了解决日光这个光强极高的移动光源的合理利用问题。采光设计应当与建筑设计综合考虑、融为一体，以使建筑获得适量的日光，有效地利用它实现均衡的照明，避免眩光。

2. 调整界面反射性能

房间各个界面反射比对光的分布影响极大。一般说来，顶棚是最重要的光反射表面。由于大多数视觉作业更需要来自顶棚反射而来的光线，顶棚就成为一个重要的光源。在顶部采光的小房间中，侧面墙壁的重要性随之增加。

3. 建筑平面布置对日照的影响

一座建筑的平面决定了其内部日光的分布。通常，进深比较小的建筑形式最容易通过窗口利用自然光进行照明。在人类无法使用人工照明之前，建筑物都是设计成窄长的，其进深比较小，以便房间最深处也能够依靠日光照明。对建筑物形式的这种限制常常形成 L、E 等形状的平面，从而使其周围外墙能最大限度地开窗接收自然光线。

通常天然采光有三种基本的形式：侧面采光、顶部采光或中庭采光。侧面采光时室内通过窗口的视线好，眩光的可能性大，有效照射深度受顶棚高度限制，不受建筑层数的影响；顶部采光时没有通过窗口向外的视线，但是眩光的可能性小，有效照射深度不受顶棚高度限制，采光均匀，只能为本层建筑采光；中庭采光时也没有通过窗口向外的视线，但是眩光的可能性小，在中庭空间比例合理的情况下，有效照射深度基本不受顶棚高度限制，采光均匀，可以为多层建筑采光。

4. 侧面采光原则

侧面采光是在外墙上设置窗口。为了避免眩光和过度的得热量，有效利用自然光需要考虑更多的因素，如受光面和反光面。在大多数情况下，顶棚是接收反射光线的最佳表面。它不应被遮住，而应具有高反射比，并且能被一个空间里大部分视觉作业区域所利用。为了能够更好地利用顶棚反射，侧窗采光应做到以下几点：

（1）增加作业面与顶棚之间的距离，使视觉作业可以获得更多的顶棚反射光。

（2）增加光源和顶棚之间的距离，以使光线在顶棚上更加均匀地分布。

（3）利用低置的窗户以及地面反射光，但应注意避免视线水平上的眩光。

（4）使用高反射比的各种表面（顶棚、墙面、地面及高反射表面等）。

（5）设计顶棚的形状，通过利用从窗口向上倾斜的平整顶棚，以获得最大的有效反射比和最佳的光分布。

5. 日光反射装置的利用

日光反射装置具有和遮阳设施类似的形式，应能重新调节确定方位，使之能够最大限度地接收到最多的日光，并且能将光线重新射向空间中的各个位置。在全阴天情况下，它们的作用是有限的。日光反射装置也可以作为遮阳设施使用，其表面应具有高反射比，甚至具有镜面般的表面涂层材料。日光反射装置的设计常常要在兼顾最佳光分布和眩光控制的条件下合理确定。

遮光隔板是水平遮阳设施及变向设备。它们通过降低窗口附近的照明水平和将光线改向射至空间深处，来改善空间中的自然光的均匀度。一块遮光隔板在带窗户的墙面上有效分成两个开口，上部窗口主要用于照明，下部窗口用于观景。为了获得最佳的光分布，遮光隔板在空间中的位置应在不导致眩光的情况下尽可能放低，一般在站立者的视线水平之上，常见的高度约为 2.10m，在这个高度上，它们可与门楣及其他建筑结构元素齐平。另外，还可通过增加顶棚的高度来增强遮光隔板的效能。

从实际效果来看，一个遮光隔板的最小宽度由具体的遮阳要求决定。为了防止眩光的情况，遮光隔板的边缘应能挡住从上部窗户进入的直接光。通过延伸遮光隔板的深度，光线分布的均匀度可得到改善。

当需要光线时，遮光隔板应被充分地照明。在高太阳角时，这意味着遮光隔板应凸出在建筑物表面之外。将遮光隔板凸出在外也为下部的景观窗口提供了附带的遮挡。遮光隔板一般是水平的，将其朝外侧向下倾斜将使其遮挡效率更高，但在光分布上效率较低。将遮光隔板朝内侧倾斜则效果相反，其在光分布方面效率更高，在遮挡方面则效率较低。

将两种特性结合起来的方法是，在水平的遮光隔板边缘增加一个向内倾斜的楔形。其产生的效果是，可将高太阳角的日光更深入地引入室内空间。这个特性特别有用，因为遮光隔板一般在高太阳角（夏天）时比在低太阳角（冬天）时引入的光线更少。应当注意防止来自用在低于眼睛水平线的遮光隔板上的镜表面这样的镜面反射器上的眩光。

将顶棚朝窗楣方向倾侧，这样可以通过提供一个明亮的表面，而使窗户处的对比度减到最低。在室外，可以将窗口设计成能使遮光隔板完全暴露在光照下。对于非常大的遮光隔板，或者是没有附设观景窗口的遮光隔板，在遮光隔板正下方的区域可能处于阴影中。这种情况可以通过"浮式"遮光隔板来缓解，由此允许少量的间接光线照亮阴影区域。

玻璃窗的位置影响着进入一幢建筑的太阳辐射量。凹进去的玻璃窗终年都具有遮阳功能。与外表面齐平的玻璃窗则会使热量最大。对于有季节性供暖需求的建筑，玻璃窗应取折中的位置。

反射型的低透射比的玻璃会漫射光线及降低亮度，但是并不能避免直射日光造成的眩光。低透射比的玻璃极大地减少了昼光的穿透。例如，9平方英尺的10%透射比的玻璃透过的光线和1平方英尺的90%透射比的透明玻璃一样多。要尽量避免在透明玻璃邻近使用低透射比或彩色的玻璃，因为这样会造成人为的昏暗。

6. 朝向对采光的影响

在各种气候条件下，遮光隔板的效率在南侧最高。为了获得有效的遮阳效果，在东、西两侧可以给垂直遮阳装置增加遮光隔板，或者附加水平百叶。遮光隔板对于北侧的光分布不太有用，但是也不会使照度大幅降低，反而可能通过阻隔天空眩光而使观景更加舒适。

7. 阳光收集器的应用

阳光收集器是指与建筑物表面平行的竖向的日光改向装置，作为竖向的装置，它们最适于在建筑物的东、西两侧截取低角度阳光。它们也可用在建筑物北侧来采集阳光，这样能够极大地增强照明。阳光收集器会遮挡低角度阳光，因而可能会阻挡视线。它们反射的日光趋于向下反射，这将会造成眩光。因而，它们应当用来使光线变向照到墙壁上，或者与遮光隔板同时使用，将光线改变方向射到顶棚上。

各式各样活动的小型装备，包括遮帘、百叶窗、网帘和窗帘，可以与固定的遮阳装置及重新定向装置同时使用。这些装备不能改变光线方向，只能漫射或阻隔光线。由于是活动的，它们适用于控制短时内的眩光。进入室内的光线，应努力设法分布使之深入建筑。

8. 侧面采光的室内设计原则

（1）不透明的表面应采用浅色的、与开窗的墙壁垂直布置。

（2）考虑采用玻璃墙私密性时可以采用玻璃上亮子。

（3）在开放式空间采用半高的隔墙，以使其对光线阻隔降到最小。摆放家具应尽量不要阻挡光线。

（4）大的不透明体，如书架或是纵深方向的横梁，应当与带窗户的墙壁垂直布置。

（5）将有整层高度不透明墙体的办公室或会议室安排在建筑物的中部，远离带窗户的墙。

（6）显示屏幕也应与带窗户的墙壁方向垂直，或者与玻璃及其他明亮表面呈一定角度的偏离，以使光幕反射减到最小。

（7）依据光的分布来规划室内各项活动的位置，使要求高的作业更靠近光源。

9.顶部采光

顶部采光与侧面采光相比，有几个重要的不同之处。与侧面采光相比，顶部采光不易引起眩光，尤其是在低太阳角时。另外，顶部采光每单位窗口面积能比侧面采光提供更多的光线。

顶部采光的窗口朝向可以与建筑朝向无关，它可以将光线引入单层空间的深处。这就使顶部采光非常有效。举例来说，屋顶上的窗口可以提供的照明水平是同样尺寸的侧面采光窗口的三倍。通过将窗口开在所需的地方，从而可以获得最佳的光分布，顶部采光不会带来过度的照明也不会对供暖、通风及空调系统造成负面影响。

顶部采光的空间的形状、表面反射比以及比例是非常重要的因素。增加顶棚的高度可以改善光分布，因此可以减少所需的窗口数量。

光线间接使用效果最佳。就顶部采光而言，竖向构件（如墙壁）是最佳的受光面。利用顶部采光照亮墙面很容易，这就很好地解释了为什么墙面经常被应用于艺术品照明和展示。需要照明的墙面和其他表面应是高反射比的，并且应当被置于视觉作业的可见范围之内。在某些情况下，从顶部采光而来的光线还可以被向上反射回顶棚。

在采光口与其邻近表面之间常常存在巨大的对比度差异。通过增加采光口厚度，以及将其边缘向外张开，会在其邻近产生明亮的表面，改善光分布，减小对比度并增大光源的外观尺寸。这样可以使小采光口起到大采光口的作用。顶部采光的位置可以不受建筑周边的限制。设计师可以根据需要来调节采光口和散热口的倾斜度和方位。

顶部采光的倾斜角对采光效果有显著影响。设置适当的倾斜度，可以使其与季节性照明要求相匹配，相应的得热量可以通过室外遮阳来调节。当太阳角度高时，水平天窗接收到的光和热最大；当太阳角度低时，接收到的最小。水平天窗面对着大部分的天空，因此最适用于全阴天的天空情况。它们也直接面对天空的顶部，而这正是阴天天空中最亮的部分。

由于竖直的天窗更偏好低太阳角，它们最适合日光和反射光的情况，而不是全阴天的天空情况。为了均衡全年中采集的光和热，应将天窗的窗口朝向春分或秋分时（3月20或21日/9月22或23日）正午太阳的位置。

调节天窗朝向的目的是获得最佳的采光数量和质量。竖直的天窗很受朝向的影响，这一点类似普通的窗户。朝东的天窗可接收到早晨的光线；朝西的则接收到下午的光线；朝南的天窗采集到的光线最多；而朝北的天窗则最少。朝南的天窗在低太阳角时采集到的光线多于高太阳角时。这种光是暖色的、强烈的且易变的。朝北的天窗需要的遮挡最少，这是由于它们采集到的天空光多于日光。这种光是冷色的且极少变化的。

水平天窗最适合全阴天的天空条件。竖向的天窗则对低太阳角有益，最适于日光和反射光线。

10. 顶部采光设计原则

（1）将窗口安排在最需要光线的地方。

（2）为避免过多的光线进入，应当控制采光面积的总量。

（3）优先采用多块位置合理的、的比较小面积的透明窗玻璃。而大块的、半透明的天窗不论天气如何，均会产生类似于昏暗的全阴天天空的效果。

（4）不要使用低透射比的半透明玻璃，因为它会造成眩光。而大面积、低透射比的玻璃与小面积的透明玻璃透射的光线一样多。

（5）将顶棚至窗口部分做成倾斜面可以改善光分布，减小对比度。

（6）采用尽量高的顶棚以获得理想的光分布。

（7）将窗口设置在可将光线导向墙壁，或导向可以改变光方向的表面，使直接光线远离工作表面，从而达到控制眩光的目的。

（8）充分利用室外挑檐、百叶和格栅等设施，并在室内利用深的采光井、梁、格栅或反射器来控制直射光线。

11. 阳光反射器的应用

阳光反射器可以显著改善高侧天窗的采光性能。除了朝南的窗口已接受了最大量的光线以外，使用竖向反射器可以改善其他朝向窗口的采光持续时间和照明强度。在朝北的窗口处，阳光采集器不但可以用来增加其照明数量，并且可以改善其与朝南窗口之间的平衡度。

在朝东及朝西的窗口处，阳光采集器可用于全天平衡照明量，如果没有使用阳光采集器，一座同时拥有东、西窗口的建筑，在早晨其从东面接受的光线大大多于从西面接受的光线。加上阳光采集器之后，全天的照度几乎是一致的。阳光采集器应当设计成可将室外光源直接反射到室内采光面。

二、照明系统节能

照明在各类建筑的能耗中都占有相当的比例，美国的公共建筑中照明所消耗的电能大约占建筑总用电量的 50%。如果在照明设计中采用节能型器件和照明控制系统，就可以节约这个能耗的 40%，而且常常可明显感受到照明质量的改善。照明节能投资的回收期比较短，往往 4 年内有一个基本的回报，在这之后会因一直节省耗电量而获利。

（一）照明节能控制措施

建筑的整个控制和协调系统包括照明、防火和生命安全等系统，是十分重要的，如同人的神经系统，它们能够感知到某一种情况的出现，随即就会做出某一合适的反应。为了节约能源，同时满足必要的室内光环境要求，照明控制系统一般应监测环境情况（如时间、光量、温度、空气质量）、人类活动（是停留、离开还是动作）等，然后做出反应以确保舒适性、能效和生命安全等要求。

控制系统既有复杂的，也有简单的，控制系统只耗用整个照明系统花费的一小部分，却极大地改善了舒适性并能带来巨大的节能收益，可节约整个照明系统耗能的大约 30%。

通过优化策略来设计控制系统以获得需要的照明数量和质量。照明控制必须对以下状况做出反应：如人在室内停留和视觉任务、不同的天气条件、灯和灯具的老化。最简单、最有效的控制策略是当不用灯时把灯关闭，常见的照明系统包括以下类型：

1. 手动控制

手动照明控制几乎安装在所有照明系统中，可以是开关或调光，或者拥有各种附加的复杂电路。典型的手动开关是一个双路开关，用以连通或切断电路。如果电路需要在两个位置被控制，就需要两个三路开关；对于两个或多个位置的控制，需要四路开关。手动开关的效率依赖于房间使用者如何使用。

在使用区域安装开关是最方便的。一般将开关安装在靠近空间入口处。可以将一批开关安装在一个面板上集中控制，这适合于有相同照明要求区域的成组控制。集中控制面板的另一个附加好处是可提供预设的照明场景设置。例如，一个餐馆可能有一个预设场景为午餐时间，另一个为晚餐时间。

人们希望使用周围环境中的局部控制系统。居住者在进入一个空间后往往就合上开关而不管是否必需。当他们离开后也常常留下灯开着。这种情况可通过空间分区来解决，做到只有需要的区域会被照明。同时将手动开关与自动控制相结合，根据使用和需求来重新平衡照度水平。照明设计必须注意不要用过多开关而让使用者感到混乱，如果人们已经拥有了良好的照明，又在现有房屋内增加单独的控制，不会有明显的好处。

2. 人员流动传感器

人员流动传感器，也叫运动传感器，可以探测人员流动的情况从而开灯或关灯。传感器可以探测红外热辐射或者探测室内声波反射（超声或微波）的变化。最常用的是被动式红外传感器（PIR）和超声传感器。

PIR 传感器探测人体发出的红外热辐射。因此，传感器必须能探测到热源，它们是视线区域的器件，不能探测到角落或隔断背后的停留者。PIR 传感器使用一个多面的透镜，从而产生一个接近圆锥形的热感应区域，当一个热源从一个区域穿过进入另一个区域时，这个运动就能被探测到。

超声传感器不是被动的，它们发出高频信号并探测反射声波的频率。这些探测器有连续地覆盖，没有缺口间隙或视线盲点。虽然超声传感器比 PIR 贵，但它们能提供更好的覆盖，更敏感。增强的灵敏度会产生空调送风系统或风的误触发。

运动传感器最适合用于间歇使用的空间，诸如教室、走廊、会议室和休息室。持续使用的区域从运动传感器的得益比较少。人员流动传感器必须能够配合频繁开关而不会损坏的灯使用。合适的光源有白炽灯和快速启动荧光灯。瞬时启动荧光灯和预热式灯管可能会由于频繁开关而缩短使用寿命。HID 光源由于较长的启动和重启动时间而一般不适合重复开关。

频繁开关会缩短灯的运行寿命，但对于某种灯来说，其寿命的缩短与所节省的电能相比是微不足道的。正常情况下，电能费用占整个照明系统费用的 85%，维护费用占 12%，只有 3% 是灯的费用。采用人员流动传感器一般会节省整个电能费用的 35%~45%，并能延长灯的寿命。

3. 光电控制

光电控制系统使用光电元件感知光线。当自然光对一个指定区域的环境照明时，光电池便调低或关闭电光源，其原则是维持一个足够的照度而不管是什么光源。传感器探测环境光的水平。当自然光照明水平下降时，增加电补偿；当自然光照明水平增加时，调低或关闭电气照明。

为了有效地利用光电池来调整被自然光代替的电灯光，电灯光的分布和开关方式必须能够补充空间内自然光的光分布。例如，当房屋有侧窗时，灯具应该平行于开窗的墙，以便根据需要调节或开关。

使用灯具来仿效自然光的空间分布也是很有益处的。如果使用顶棚来作为散布自然光的表面，最好也使用顶棚作为分布电气照明的表面。这将有助于混合使用两种光源并使调光和补偿电灯光不太引人注意。

光电效应控制系统一般分为闭环（完整的）和开环（部分的）两种，闭环系统同时探测灯光和环境自然光，而开环系统只探测自然光。

闭环系统在夜间灯光打开时校准，以建立一个目标照度水平。当存在的自然光造成照度水平超出时，灯光即被调低直到维持目标水平。开环系统在白天校准。传感器暴露在昼光下，当可用光线水平增加时，相应的灯光即被调低。设计、安装良好的闭环系统通常能够比开环系统更好地追踪照度水平。

传感器的定位使它们具有较大的视野。这能确保细小的亮度变化不会引起传感器触发。在闭环系统中，传感器可以定位在有代表性的工作区域上方来测量工作面上的光线。典型的是位于距离窗户大约为自然光控制区域的深度 2/3 的位置。传感器不会误读诸如来自灯具的光是非常重要的。对于直接下射照明系统，传感器可以装在顶棚上，但对于间接照明系统，必须将传感器的传感面向下安装在灯具下半部分。

（二）照明系统节能措施

设计节能措施包括避免过高的均匀照明，在获得足够的整体照明水平后，通过使用可移动灯具、家具集成灯具和类似灯具等来提供可选择的工作照明。为了使光幕反射减到最小，局部照明定位首先要确保在视觉作业面上的照明来自侧向，如果需要的话可以使用补充照明。其次，应该将照明要求类似的视觉作业布置在一组。最后，隔墙上部使用高窗可以利用室内光为走廊提供间接采光，墙、地板和顶棚尽量用浅色以增加反射光。

光源节能措施应考虑对于要求恒定照度的场合，使用满足要求的单一功率光源提供照明，而不用多级照明光源；应使用符合要求的一个灯来提供必要的照度，而不是使用多个总功率等于或大于单个灯的小功率灯。选择光源时应尽量使用高光效的节能灯，可能时使用紧凑型荧光灯替代白炽灯，放电灯使用高效低能耗的镇流器，室外照明使用放电灯时配备定时器或光电控制器以便在不需要时关灯。灯具节能应考虑尽可能降低半直接灯具和下射灯的高度，以便更多的光到达工作面，尽量选用悬挂式荧光灯灯具而不用封闭型灯具，以便镇流器和灯的散热。灯具的选用还应便于清洁和维护。

第三节　建筑设备系统节能

一、供热系统节能

（一）概述

供暖系统的功能是在冬季为保持建筑室内适宜的湿度，通过人工方法向室内供给热量。供暖系统是由热源、热媒输送和散热设备三个主要部分组成。其中热媒制备、热媒输送、热媒利用三者为一体的供暖系统，称为局部供暖系统，如烟气供暖、电供暖和燃气供暖等。热源和散热设备分别设置，由热媒管道相连，即由热源通过热力管道向各个房间或各栋建筑物供给热量的供暖系统，称为集中式供暖系统。

（二）集中供热节能

集中供热系统由热源、管网和热用户三部分组成。供热系统中的热源系指供热热媒的来源，它是热能生产和供给的中心。一般有区域锅炉房、热电厂、工业余热和地热等。

1. 热电厂

热电厂供热主要是利用汽轮机中、后部做功后的低品位蒸汽的热能，这种既供电又供暖的汽轮机组可以使汽轮机的冷源损失得到有效利用，从而显著提高热电联合生产的综合利用效率。

如果采用热电联产方式，获得相同数量电能和热量，理论上所耗燃料比分产方式（分别由锅炉房供热和凝汽电厂供电）可少 1/3 左右。热电厂的供热机主要有背压式汽轮机和抽气式汽轮机等形式。

2. 区域锅炉房

区域锅炉房一般都装置容量大、效率高的蒸汽锅炉或热水锅炉，向城市各类用户供应生产、生活用热。区域锅炉房的规模和场地选择比较灵活，投资比热电厂少，建设周期比较短，但热能利用率低于热电厂，它是城市集中供热热源的一种主要形式。它既可单独向一些街区供热，形成独立的供热系统，也可以作为热电厂的辅助热源，在高峰负荷时，与热电厂联合供热。

国内的热电厂和区域锅炉房大多数采用矿物燃料。有的国家发展以核裂变为热源的核电厂和核供热站，也有一些国家建设了垃圾焚烧厂以及燃烧麦秆、木材下脚料的热电厂或锅炉房，这些在我国也有应用实例。

3. 工业余热

工业余热主要包括以下几种形式：

（1）从冶金炉、加热炉、工业窑炉等各种工艺设备的燃料气化装置排出的高温烟气。将其引入余热锅炉，生产蒸汽直接或间接加热热水供热。

（2）各种工艺设备的冷却水。

（3）各种工艺设备，如蒸汽锤等做功后的蒸汽。

（4）熔渣物理热等。

工业余热一般用以满足本厂及住宅区的生产及生活用热，也可以并入热网和其他热源联合供热。

4. 地热

地热水供热是利用蕴藏在地下的热水资源，开采并抽出向用户供热。它具有节省燃料和无污染的优点。为了防止水位下降，一般将利用后的地热水经回灌井返回地下。

地热水供暖可分为直接系统和间接系统两种。直接系统是将地热直接引入热用户系统，它具有设施简单、基础建设投资少等优点，但地热水中含有硫化氢等杂质会造成系统管道和设备腐蚀。间接系统是通过换热器加热热水以供给用户，它虽可以避免管道和设备的腐蚀，但是设施复杂、基础建设投资高。

地热水的温度较低，可在系统中装置高峰锅炉，或利用热泵等方法提高地热水温度，以扩大供热面积和降低成本。

5. 热网

热网是指由热源向热用户输送和分配供热介质的管线系统。由输热干线、配热干线、支线等组成。热网多采用枝状，少数采用环状，又可分为热水热网和蒸汽热网两种。

（1）热水管网还可分为单管、双管和多管系统。热水单管系统只有一条供水管，热水经供暖散热、生活使用后不再返回热源，只适用于生活用热量大、热源充足的情况，如上面提到的地热水供暖系统。热水双管系统，适用于热水沿供水管送到用户，散热降温后又经回水管返回热源的情况，应用最广泛。热水多管系统，适用于两种或两种以上具有不同参数要求或不同调节特性的用户。

（2）蒸汽热网一般常拥有凝结水管系统。蒸汽由热源经蒸汽管道输送到用户，在用热装置中放热并形成凝结水，再沿着凝结水管返回热源。当凝结水无回收价值时，可采用无凝结水管的蒸汽管网。

（3）供热管道的敷设方式有地下敷设和地上敷设两种。地下敷设多用于市区供热管网，它可分为有沟敷设和无沟敷设。有沟敷设是指供热管道敷设在地沟内，管道不承受外界负载；无沟敷设是指管道直接埋于土壤中，无地沟管道直接承受外界负载，造价低廉，施工方便。

地上敷设方式多用于工业区、郊区、地下水位高、永久冻土区和湿陷性土壤等地质构造特殊的地区。供热管道一般采用钢管并有防腐保温措施。为防止供热介质温度变化而破坏管道，还应设置热补偿装置。

6. 热用户

热用户是指集中供热系统中利用热能的用户。热用户按用途不同，可分为建筑采暖、通风空调、生活热水和工业生产等类型。

为适应用户的需求，热网在进入一批用户的地方应设立热力站。根据用户性质不同可分为民用热力站和工业热力站。民用热力站系统多数采用热水作为热媒。按连接方式可分为直接连接和间接连接两种。直接连接时，热网的供热介质进入用户系统，有的采用水泵或喷射泵等混合装置，调节进入用户的压力、温度和流量等供热介质参数。间接连接时，热网的供热介质通过表面式换热器进行热能交换，热网的供热介质不进入用户，进入用户的二次水靠水泵驱动循环。工业热力站系统大多采用蒸汽作为热媒。

7. 集中供热系统的类型

集中供热系统的类型包括以下两种：区域锅炉房集中供热系统，它是指以区域锅炉房为热源的供热系统；热电厂集中供热系统，它是以热电厂作为热源的供热系统。由热电厂同时供应电能和热能的能源综合供应方式，称为热电联产，也称为"热化"。

（三）供暖热源节能

供暖热源节能的途径包括各种废热、余热利用、太阳能、地能供暖，另外还有提高锅炉系统的运行效率等环节。正常技术条件下，对于一般住宅建筑，供暖锅炉的每 1 吨蒸气可为 10000m² 建筑供暖，至于供热锅炉的热效率，锅炉运行实践证明，在正常技术条件下，一些锅炉可长期稳定在 75% 以上的热效率。锅炉房设计中锅炉容量配置过高，造成巨大浪费，故供热锅炉房节能潜力巨大。供热锅炉房节能技术包括锅炉及其辅机选型、锅炉房工艺设计和运行管理等。

（四）供热管网节能

供热管网节能首先应考虑室外供暖管网的节能调控，室外供暖管网中通过各建筑的并联环路之间的水力平衡是整个供暖系统达到节能的必要条件，因为当某建筑环路的流量偏低时，其室内平均温度也必然低于其他建筑。

为使室外供暖管网中通过各建筑的并联环路达到水力平衡，其主要手段是在各环路的建筑入口处设置手动或自动调节装置或孔板调压装置，以消除环路余压。手动调节装置有手动调节阀及平衡阀。平衡阀除具有调压的功能外，还可用来测定通过的介质流量。

供热管网节能必须处理好管道的保温。为了减少管网输送过程中的热能损失，必须做好管道保温处理。设计一二次热水管网时，应采用经济合理的敷设方式。对于庭院管网和二次管网，宜采用直埋管敷设；对于一次管网，当直径较大且地下水水位不高时，可采用地沟敷设。

（五）室内散热节能

供暖系统中室内散热供暖方式主要可分为对流供暖和辐射供暖两种。以散热器为散热设备采取对流换热的供暖方式，称为对流供暖，也称为散热器供暖系统；另一种对流供暖方式是利用热空气作为热媒，向室内供给热量的热风供暖系统。辐射供暖是以辐射传热为主的一种供暖方式。它的散热设备，主要采用金属辐射板或以建筑物顶棚、地面、墙壁作为辐射散热面。

1. 低温地板辐射采暖技术

低温地板辐射采暖技术是一种新兴的节能采暖技术，我国有些工程已采用，并取得良好效果。低温地板辐射采暖的工作原理是使加热的低温热水流经铺设在地板层中的管道，并通过管壁的热传导对其周围的混凝土地板加热后使地板以辐射方式向室内传热，达到舒适的采暖效果。

（1）辐射地板构造。辐射地板一般由供暖埋管和覆盖混凝土层构成。基层为钢筋混凝土楼板，上铺高效保温材料隔热层，隔热层上敷设塑铝复合管，塑铝复合管上铺钢筋加强网，其上为混凝土地面和装修层。

（2）低温地板辐射采暖系统。该系统由四部分构成，包括热源、分水器、采暖管道和集水器。

热源可以用天然气或电为燃料，也可以由城市热网提供不高于65℃的热水或者地热水。供暖回水、余热水等经主供水管进入分水器。分水器起到均匀分水作用。热水经供水主管进入分水器，再经过分水器进入各环路采暖管道加热房间。热水从各环路采暖管道进入集水器，再由回水主管道回到燃气热水器或其他热源。供暖方式由低压微型泵将低于60℃的热水，通过交联管循环，加热地表面层以辐射的方式向室内传热，从而达到舒适的采暖效果。

影响采暖效果的主要因素有塑铝复合管在房间中单位平方米敷设的长度、覆盖在塑铝复合管上的混凝土层的厚度及其上介质材料的性能、塑铝复合管下的隔热介质材料性质和塑铝管的布置形式及管径的大小。

2. 低温地板辐射采暖的特点

（1）高效节能。其一，该系统可利用余热水；其二，辐射采暖方式较对流采暖方式热效率高，若设计按16℃参数选用，而实际可达20℃的供暖效果；其三，低温传送，在输送热媒过程中热量损失小。

（2）使用寿命长，安全可靠，不易渗漏。交联管经过长期静水压试验，连续使用寿命可达50年以上，同时在施工中采用整根管铺设，地下不留接口，消除渗漏隐患。

（3）解决了大空间或矮窗建筑物的供暖需求。低温地板辐射采暖系统如在宾馆大厅、影剧院、体育馆、育苗（种）等场所应用，效果会十分理想，也为设计者开拓了设计思路，增加了设计手段。

（4）采暖十分舒适。室内地面温度均匀，梯度合理。由于室内温度由下而上逐渐递减，地面温度高于呼吸线温度，给人以脚暖头凉的良好感觉。

（5）室内卫生条件得以改善。由于采用辐射散热方式，不会像壁挂暖气那样使污浊空气对流。

（6）较少占用使用面积。这不仅节省为装饰散热器及管道设备所花的费用，同时增加了居室 1%~3% 的有效利用面积。室内卫生、美观。

（7）热容量大，热稳定性好，在间歇供暖的条件下温度变化缓慢。

（8）维护运行费用低，管理操作运行方便可靠。在系统运行期间，只需定期检查过滤器，其运行费用仅为系统微型泵的电力消耗。

（9）供暖系统容易调节和控制，便于实现分户计量。

根据北欧国家的经验，用热计量收取热费代替按面积收取热费的方法可以节约能源的 20%~30%。采用地板辐射采暖时，由于单户自成采暖系统，只要在分配器处加上热计量装置，即可实现单户计算。

我国引进国外技术和进口原料生产的交联聚乙烯管、改性聚丙烯、聚丁烯管，均符合有关国际标准，作为低温地板辐射采暖的加热管，完全符合要求，而且具有比一般金属管材耐腐蚀、阻力小、寿命长的优点，目前已广泛应用于实际工程中。

3. 低温地板辐射采暖存在的问题

（1）地板采暖用管材，存在着国产原料供应断档、生产设备投资大等因素的限制，致使短期内通水管等关键部件尚需依赖进口，因此整体价位较高，应用范围受到一定限制。

（2）从技术角度看，在住宅中应用地板采暖需占最小 60mm 的构造高度，所以建筑物每层净高会相应降低。

（3）地板采暖属于隐蔽工程，使用期间不易维修，一旦通水渗漏维修难度较大，需要专业人员用专用设备查漏和修复。

4. 低温地板辐射采暖技术的应用

该采暖系统的布置多为单元独立的自采暖方式，可代替传统的小区锅炉供暖所需要的设施。低温地板采暖系统出水温度为 65℃，回水温度为 40℃~50℃，并可以由调温阀自调。温度控制的方法：调节分水器上的热水管道阀门，控制热水流量或调节控制燃气热水器的火焰大小。低温地板辐射采暖的布管形式有单回路、双回路和多回路等。

新型聚乙烯夹铝复合管具有通水能力强、永不结垢、机械强度高、耐腐蚀、可弯曲、寿命长等钢管无法比拟的优点；地板辐射采暖具有调节方便、热效果好、不占空间、美化居室、卫生性好等优点。两者的有机结合具有传统的对流供暖方式无法比拟的优势，逐步为越来越多的人所接受，在商厦宾馆、写字楼及住宅工程中都有着广阔的应用前景，对传统供暖方式是一个巨大的挑战。低温地板辐射采暖的优势是：

（1）造价比较低。低温地板辐射采暖每平方米造价一般在 140~160 元之间。低温地板辐射采暖系统使用寿命超过 50 年，而传统采暖系统使用寿命不超过 40 年。传统散热器采暖按 50 年折算显然不便宜。此外，以低温水为热源的低温地板辐射采暖省去传统供暖中的锅炉房，节省锅炉房建设所需用地，且有利于环境保护。

（2）免维修。传统散热器采暖每年每平方米维修费在 1 元以上，而低温地板辐射采暖终身不用维修，节省了大量的维修费且减少工人工作强度。

（3）美观，不占室内面积。低温地板辐射采暖不设散热器，在房间里看不到采暖管道，既节省空间，又美化环境；传统采暖方式每个房间至少有一组散热片和采暖立支管，既影响室内美观，又占用空间，对室内装饰极为不利。

（4）散热均匀。传统采暖方式中，每个房间设一组散热器，置于窗口下方，主要以热对流方式加热房间，这样散热不够均匀，靠近散热器的地方和房间上部温度较高，远离暖气片之处和房间中低部温度较低。低温地板辐射采暖无此弊病，因为是采用整个房间地面为散热源，散热均匀，而且低温地板辐射采暖主要以热辐射和热对流方式加热房间，使脚下有舒适之感。

（5）调节方便。调节方便、灵活，各房间可根据自身情况利用控制装置设定供水温度，使房间达到自己满意的温度。对个别房间可采用调节分水器上的阀门以改变房间温度。如家人白天外出上班可将房间温度设为 10℃，下班后可设为 20℃，夜间又可变为 15℃，并可方便地将厨房、客厅的供暖关闭。方便快捷的调节方法是传统集中供暖方式无法比拟的。此采暖系统升温快，在 10 分钟内可将室内温度提升 7℃~10℃。相对传统采暖平均一年节省燃料 20%。

（6）热效果好。暖气系统的功能是为用户提供舒适的室内环境，从而满足人们生理上的需求。通常情况下，人们认为下半身温度较高，上半身温度较低，即脚暖头凉的感觉较为舒适。

经过在一些建筑中实际运行后，低温地板辐射采暖系统的用户反映低温地板辐射采暖调试方便灵活，室内温度 24h 内维持在 18℃左右，地面温度维持在 24℃左右，并有脚暖头凉的舒适感觉。混凝土地面无裂痕产生，始终保持平整，用户感到满意。

5. 电热采暖节能技术

辐射采暖使人体的辐射散热量减少，生理热平衡需求降低，因此，较低室温辐射采暖可取得与较高空对流采暖相同的热舒适感，这就是辐射采暖比对流采暖节能的原因。对于住宅而言，辐射采暖比对流采暖节能约 10%。

电热膜装在居室顶面或墙面，通过电加热半透明聚铝膜，以红外线低温辐射采暖，具有不占室内使用面积、自行调节室温、无污染、免维修和舒适温暖等特点，主要适用于楼房和节能型平房。

电热膜顶棚辐射采暖的主要优点还有前期投资少，耗电少，升温快；辐射传热可蓄热，可躲开高峰电而充分利用廉价的低谷电；节省传统暖气的水循环系统，无渗漏之忧和与建筑同寿命等。因此，电热膜顶棚辐射采暖在住宅中得到了较为广泛的应用。电热膜顶棚辐射采暖的主要不足在于，为防止系统过热和人为损坏，建筑室内装修时会受到一定限制。

（六）供暖设计节能

供暖设计节能是指依据相应的建筑节能设计标准中的采暖供热节能设计和采暖供热系统的各项规定，选择经济合理的热源和供暖系统，通过设计环节实现相应的节能、舒适的供暖效果。

1. 采暖供热节能设计规定

（1）居住建筑的采暖供热应以热电厂和区域锅炉房为主要热源。在工厂区附近，应充分利用工业余热和废热。

（2）城市新建的住宅区，在当地没有热电厂和工业余热、废热可利用的情况下，应建立集中锅炉房作为热源的供热系统。集中锅炉房的单台容量不宜小于 7.0MW，供热面积不宜小于 10 万平方米。对于规模较小的住宅区，锅炉房的单台容量可适当降低，但不宜小于 4.2MW。在新建锅炉房时，应考虑与城市热网连接的可能性。锅炉房宜建在靠近热负荷密度大的地区。

（3）新建居住建筑的采暖供热系统，应取热水连续采暖进行设计。住宅区内的商业、文化及其他公共建筑以及工厂生活区的采暖方式，可根据其使用性质、供热要求，通过技术经济比较来确定。

2. 对采暖供热系统的规定

（1）在设计采暖供热系统时，应详细地进行热负荷的调查和计算，确定系统的合理规模和供热半径。当系统的规模较大时，宜采用间接连接的一二次水系统，从而提高热源的运行效率，减少输配电耗。一次水设计供水温度应取 115℃~130℃，回水温度应取 70℃~80℃。

（2）在进行室内采暖热系统设计时，设计人员应考虑按分户热表计量和分室控制温度的可能性。房间的散热器面积应按设计热负荷合理选取。室内采暖系统宜南北朝向房间分开环路布置。采暖房间有不保温采暖干管时，干管散入房间的热量应予以考虑。

（3）设计中应对采暖供热系统进行水力平衡计算，确保各环路水量符合设计要求。在室外各环路及建筑物入口处采暖供水管（或回水管）路上，应安装平衡阀或其他水力平衡元件，并进行水力平衡调试。对同一热源有不同类型用户的系统，应考虑分不同时间供热的可能性。

（4）在设计热力站时，间接连接的热力站应选用结构紧凑、传热系数高、使用寿命长的换热器。换热器的传热系数宜大于或等于 3000W/（m²·K）。直接连接和间接连接的热力站均应设置必要的自动或手动调节装置。

（5）锅炉的选型应与当地长期供应的煤种相匹配。锅炉的额定效率不应低于规范规定的数值。

3. 供暖系统节能

供暖设计是供暖系统节能的重要环节，过去所采用的陈旧的供暖系统，不但能耗高，而且供暖效果差，不能根据气候等条件进行必要的调节。如今，计量供热已成为供热系统的发展方向。它不仅能做到用热分户计量，而且能满足用户热舒适和取热自由的要求，并具备室温可调、分室控温的功能，这不但改善了室内舒适性，同时还实现了节能效益。计量供热系统的形式可分为新单管系统和新双管系统。

较为可行的分户热计量方案有以下三种：

（1）对于新建居住建筑，采用在楼梯间设共用的供回水立管，并与分户独立系统相连接。分户独立系统包含入户总阀门、过滤器、热量表以及较长的户内管道系统等环节，其阻力远大于单组散热器的阻力，而共同的供回水立管的阻力和自然作用压力值相对较小，基本可避免垂直失调问题。热表可安设在楼梯间专用管井内。

（2）对于既有居住建筑，可采用在每组散热器两端的管道之间，加设旁通跨越管与散热器并联。在散热器一侧安装散热器恒温阀，在散热器上安设热量分配计，形成新单管系统。此法可避免垂直失调，减少不同朝向房间的温差，并可实现室内温度的调节。

（3）采用低温地板辐射采暖技术。该技术将热水管埋设在混凝土地面内，热水管加热地面后，向上辐射散热。此方式的居住舒适性、热稳定性较好，节约能源，较厚的地板及地板内敷设的铝箔聚苯板还可以改善楼板的隔声效果和控制上下楼层之间的传热量。

分户热计量对热源和系统的影响，首先表现在负荷和流量的多变特性上，热源、室外系统、室内系统和户内系统均应与此适应。因此应考虑热源设备的燃烧调节、运行过程热媒的总体调节和流量系统调节，应充分挖掘节能潜力，除采用自动调控装置外，还应采用手动调节。其次是实现计量供暖系统的水力平衡。静态平衡是动态平衡的基础，对于总体供暖不足的系统，应首先解决好静态平衡。为此，应做好室外区域管网的统筹设计，室内外系统必须经严格的水力平衡计算，以及设置必要的调节构件作为补充手段。

另外应考虑室外供热系统的控制，应按室外气温与回水温度自动调节供水水温；水泵宜采用适应室内外采暖系统流量变化的变频控制技术。为避免在每一分户入户口都设置自动调节装置，宜尽量增加末端系统阻力的比例。最后，分室温度控制应依不同的调节方式，确定在散热器上采用恒温阀或手动阀实施分室温度调节。

（七）运行管理节能

为了使供热系统的运行科学合理，必须在其中设置必要的计量与监测仪表和其他控制装置，还应根据建筑的具体功能要求选择经济合理的供热方式。

1. 锅炉房的主要仪表

锅炉房的主要仪表包括总耗水量水表/给水量仪表、动力仪表、照明电表、锅炉房总输出热量计、供回水自动记录仪和燃煤量记录仪等。

2. 采暖热量计量与调控设备

采暖热量计量与调控设备主要包括以下几种：

（1）热量表：用于计量热量的仪表，能测出热水的流量与供回水的温差，并计算两者乘积进行累计。热表一般安装在楼梯间或户内。

（2）热量分配表：安装在每个散热器上用来测量每个散热器在系统中用热量的比例，即耗热量。

（3）散热器恒温阀：安装在散热器上自动控制室内温度的阀门，可按设定值自动调节散热器内的热水供应量。

（4）平衡阀及专用智能仪表：平衡阀是一种定量化的可调节流通能力的孔板装置。它所带的专用智能仪表是与平衡阀配套的软件技术。

（5）温控阀：西欧发达国家已经普遍采用在散热器的供水支管上设置温控阀或在回水支管上设置回水温度限制器的办法，避免各项因素可能引起的室温过高或回水温度偏高的现象，有助于节能，值得国内借鉴。设计中采用温控阀时应注意系统布置的问题，目前安装温控阀的系统或目前尚无条件、今后准备增设温控阀的系统宜按双管系统布置管道。同时还要防堵塞，温控阀的通水阀孔断面狭小，系统水流中的污物极易在此处形成堵塞。为此，温控阀宜在室内管道通水冲洗之后安装。此外，宜在系统干管和立管的适当部位考虑设置过滤装置。

3.供暖运行制度

因建筑物使用性质的不同，供暖运行制度基本上可以分为两类：连续供暖和间歇供暖。它们分别有着严格的规定。连续供暖是指建筑物的使用时间为 24h，要求全天室温保持设计温度，如医院、三班制的工厂等。间歇供暖是指建筑物的使用时间并不是 24h，因而只要求在使用时间内的室内平均温度保持设计室温，其他时间可以自然降温，如办公楼、商店等公共建筑，一班制的工厂等。

住宅、托幼等居住建筑属全天 24h 内要求维持一定舒适温度的建筑，虽然夜间允许室温适当下降，但不得超过一定幅度，此类建筑应采用连续供暖。住宅区内的公共建筑，如中小学、商店、办公楼等，在一天中的使用时间低于 24h。只要在使用时间之前把室内气温提高到正常温度即可。这类建筑采用间歇供暖是经济、节能的。在连续供暖的住宅区内，公共建筑实行间歇供暖。

供暖设计热负荷与供暖运行制度有关，按连续供暖设计和运行，可以减少锅炉的设计和运行台数（单台锅炉时可以减小锅炉容量）。

间歇供暖时，散热器放出的热量不仅要补充房间的耗热量，而且还要加热房间内所有已经冷却了的围护结构；而连续供暖时散热器放出的热量只要补充房间的耗热量就可以了。如按连续供暖设计，就可以不考虑间歇附加，因而可以节约建设初期投资和占地面积，减少锅炉运行台数，节约运行费用，锅炉的负荷率和效率也能提高。

不同类型锅炉的运行时间与供暖运行制度有关，常用供暖锅炉最适合连续运行。近年来普遍采用的有机械燃烧的链条炉排锅炉和往复炉排锅炉，炉膛内有耐火砖砌件，需要较长的预热时间才能达到较好的燃烧条件，因此，最适合连续运行。

二、空调制冷系统节能

空调就是使用人工的手段，借助于各种设备创造适宜的人工室内气候环境来满足人类生产生活的各种需要的设备。空调建筑是指一般夏季空调降温建筑，即室温允许波动范围为 ±2℃的舒适性空调建筑。空调的运转需要消耗大量的电能和热能，热能可通过用石油、煤等当作燃料经过燃烧而获得，但是这样不但污染空气，而且浪费了大量的能源。因此，空调系统的能源有效利用和节能就成为亟待解决的问题。

1. 空调建筑节能基本原理

在夏季，太阳辐射热通过窗户进入建筑室内，构成太阳辐射得热，同时被外墙和屋面吸收，然后传入室内，再加上通过围护结构的室内外温差传热，构成传热得热，以及通过门窗的空气渗透换热，构成空气渗透得热，此外还有建筑物内部的炊事、家电、照明、人体等散热，构成内部得热。太阳辐射得热、传热得热及空气渗透得热和内部得热三部分构成空调建筑得热。这些得热是随时间而变的，且部分得热被内部围护结构所吸收和暂时储存，其余部分构成空调负荷。空调负荷有设计日冷负荷和运行负荷之分。设计日冷负荷是指在空调室内外设计条件下，空调逐时冷负荷的峰值，其目的在于确定空调设备的容量。运行负荷是指在夏季空调期间，空调设备在连续或间歇运行时，为将室温维持在允许的范围内，需由空调设备从室内出去的热量。

空调建筑节能除了应采取建筑措施，如窗户遮阳以减少太阳辐射得热、围护结构隔热以减少传热得热、加强门窗的气密性以减少空气渗透得热、采用重质内墙等以降低空调负荷的峰值等，降低空调运行能耗之外，还应采用高效的空调节能设备或系统，以及合理的运行方式来提高空调设备的运行效率。

2. 空调系统能耗的影响因素

（1）供给空气处理设备的大量冷（热）源耗能和风机与水泵克服流动阻力的动力耗能。

（2）空调系统耗能的其他影响因素。空调系统耗能的影响因素有室外气象参数，包括气温和太阳辐射强度；室内设计标准；围护结构特性；室内的人、设备、照明等的热、湿负荷以及新风回风比等。同时，空调房间的冷负荷、新风冷负荷以及风机、水泵的耗电是空调系统必须消耗的能量。

3. 大空间建筑空调节能

在高大空间建筑物中，空气的密度随着垂直方向的温度变化而呈自然分层的现象，利用合理的气流组织，可以做到仅对下部工作区进行空调，而对上部的大空间不予空调或夏季采用上部通风排热，通常将这种空调方式称为分层空调。只要空调气流组织得好，既能保持下部工作区所要求的环境条件，又能节省能耗，减少空调的初期投资和运行费用，其效果是全室空调所无法比拟的。与全室空调相比，分层空调可节省冷负荷 14%~50%。分层空调技术在我国得到了广泛应用，都取得了显著的节能效果，证明高大空间建筑采用分层空调的节能效果十分显著，值得推广。

4. 热回收设备节能

热回收设备在空调节能工程中具有明显的节能效果，通常，全热交换器、显热板式热交换器、板翅式全热交换器、中间热媒式换热器、热管换热槽和热泵等设备应用比较广泛。

转轮全热交换器是一种空调节能设备。它是利用空调房间的排风，在夏季对新风进行预冷减湿；在冬季对新风进行预热加湿。它分金属制和非金属制两种不同形式。

显热板式热交换器由光滑板装配而成，形成平面通道，在光滑平板间通常构成三角形、U 形、门形截面。在同样的设备体积的情况下，使空气与板之间的接触表面大为增加。从热交换特点来看，换热介质的逆流运动是效率最高的，但是逆流交换器的结构复杂并难以实现气密性，因而常常采用交叉结构方案。

　　热管是蒸发 - 冷凝器型的换热设备，中间热媒在自然对流或毛细压力作用下实现其中的循环。热管在投入运行之前，内部工作介质的状态取决于当时环境温度和介质在该温度下对应的饱和压力，这就是热工工作前介质的初始参数。

第九章 绿色建筑工程施工控制

第一节 施工成本控制

成本包括责任成本目标和计划成本目标，它们的性质和作用不同。前者反映组织对施工成本目标的要求，后者是前者的具体化。

一、掌握建筑安装工程费用项目组成

建筑安装工程费由直接费、间接费、利润和税金组成。间接费由规费和企业管理费组成。

二、掌握直接工程费的组成

直接工程费是指施工过程中构成工程实体所耗费的各项费用，包括人工费、材料费、施工机械使用费。

1. 人工费

人工费包含以下内容：

（1）基本工资。

（2）工资性补贴。

（3）生产工人辅助工资。

（4）职工福利费。

（5）生产工人劳动保护费。

2. 材料费

材料费包含以下内容：

（1）材料原价。

（2）材料运杂费：材料自来源地运至工地仓库或指定堆放地点所发生的全部费用。

（3）运输损耗费：材料在运输装卸过程中不可避免的损耗。

（4）采购及保管费：组织采购、供应和保管材料过程中所需要的各项费用。

（5）检验试验费：对建筑材料、构件和建筑安装物进行一般鉴定、检查所发生的费用。

不包括新结构、新材料的试验费和建设单位对具有出厂合格证明的材料进行检验，对构件做破坏性试验及其他特殊要求检验试验的费用。

3. 施工机械使用费

施工机械使用费是指施工机械作业所发生的机械使用费以及机械安拆费和场外运费。

三、掌握措施费的组成

措施费是指为完成工程项目施工，发生于该工程施工前和施工过程中非工程实体项目的费用，一般包括下列项目：

1. 环境保护费。

2. 文明施工费。

3. 安全施工费。

4. 临时设施费。

5. 夜间施工增加费。

6. 二次搬运费。

7. 大型机械设备进出场及安拆费。

8. 混凝土、钢筋混凝土模板及支架费。

9. 脚手架费。

10. 已完工程及设备保护费。

11. 施工排水、降水费。

四、掌握间接费、利润和税金的组成

间接费包括规费和企业管理费。

1. 规费的内容

（1）工程排污费。

（2）工程定额测定费。

（3）社会保障费：包括养老保险费、失业保险费、医疗保险费。

（4）住房公积金。

（5）危险作业意外伤害保险。

2. 规费的计算

（1）规费的计算公式为"规费＝计算基数 × 规费费率"。

（2）规费的计算以"直接费"、"人工费和机械费合计"或"人工费"为计算基数。

3. 劳动保险费

劳动保险费是指由企业支付给离退休职工的易地安家补助费、职工退职金、六个月以上的病假人员工资、职工死亡丧葬补助费、抚恤费、按规定支付给离休干部的各项经费。

4. 利润

（1）利润的计算公式为"利润＝计算基数 × 利润率"。

（2）计算基数可采用：

①以直接费和间接费合计为计算基数。

②以人工费和机械费合计为计算基数。

③以人工费为计算基数。

5. 税金

（1）营业税的计算公式为"营业税＝营业额 × 适用税率"。但建筑业的总承包人将工程分包或转包给他人的，其营业额中不包括付给分包或转包人的价款。

（2）城市维护建设税应纳税额的计算公式为"应纳税额＝实际缴纳增值税税额＋实际缴纳消费税税额 × 适用税率"。

五、熟悉建筑安装工程费用计算程序

根据《建筑工程施工发包与承包计价管理办法》的规定，发包与承包价的计算方法分为工料单价法和综合单价法。

（1）综合单价分为全费用综合单价和部分费用综合单价，全费用综合单价其单价内容包括直接工程费、措施费、间接费、利润和税金。由于大多数情况下措施费由投标人单独报价，而不包括在综合单价中，此时综合单价仅包括直接工程费、间接费、利润和税金。

（2）如果综合单价是部分费用综合单价，如综合单价不包括措施费，则综合单价乘以各分项工程量汇总后，还须加上措施费才能得到工程承发包价格。

六、熟悉工程量清单计价

1. 工程量清单计价规范

（1）全部使用国有资金投资或国有资金投资为主的工程建设项目，必须采用工程量清单计价；非国有资金投资的工程建设项目，可以采用工程量清单计价。

（2）工程量清单是建设工程的分部分项工程项目、措施项目、其他项目、规费项目和税金项目的名称和相应数量的明显清单。工程量清单应由分部分项工程量清单、措施项目清单、其他项目清单、规费项目清单、税金项目清单组成。工程量清单是工程量清单计价的基础，应作为标准招标控制价、投标报价、计算工程量、支付工程款、调整合同价款、办理竣工结算以及工程索赔等的依据。

2. 工程量清单的作用

（1）工程量清单为投标人的投标竞争提供了一个平等和共同的基础。

（2）工程量清单是建设工程计价的依据。

（3）工程量清单是工程款支付和结算的依据。

（4）工程量清单是进行工程索赔和现场签证的依据。

（5）工程量清单是进行工程价款调整和竣工结算的依据。

3. 工程量清单编制的方法

（1）分部分项工程量清单的内容包括项目编码、项目名称、项目特征、计量单位和工程量。

（2）措施项目清单包括通用措施项目和专业工程的措施项目，应根据拟建工程的实际情况列项。

（3）其他项目清单的内容一般包括暂列金额；暂估价（含材料暂估价和专业工程暂估价）；计日工和总承包服务费。

（4）规费项目清单的内容，包括工程排污费、工程定额测定费、社会保障费；养老保险费、失业保险费、医疗保险费；住房公积金、危险作业意外伤害保险。

（5）税金项目清单的内容，包括营业税、城市维护建设税、教育费附加。

4. 工程量清单计价的方法

（1）一般而言，在工程量清单计价中，按分部分项工程单价组成来分，工程量清单报价主要有三种形式：工料单价法、综合单价法、全费用综合单价法。

（2）通常采用的综合单价为不完全费用综合单价。

（3）工程量清单计价过程可以分为两个阶段：工程量清单编制和利用工程量清单编制工程造价两个阶段。

（4）采用工程量清单计价，建设工程造价由分部分项工程费、措施项目费、其他项目费、规费和税金组成。

（5）分部分项工程费计算包括以下方面：

1）计算施工方案工程量。

2）人、料、机数量测算。

3）市场调查和询价。

4）计算清单项目分部分项工程的直接工程费单价。

5）计算综合单价：一般情况下，采用分摊法计算分项工程中的管理费和利润，即先计算出工程的全部管理费和利润，然后再分摊到工程量清单中的每个分项工程上。

6）计算分部分项工程费。

（6）措施项目费计算

1）措施项目分为通用措施项目和专业工程的措施项目。

2）措施项目清单中的安全文明施工费应按照国家或省级、行业建设主管部门的规定计价，不得作为竞争性费用。

3）设计深度深、设计质量高、已经成熟的工程设计，一般预留工程总造价的3%~5%。在初步设计阶段，工程设计不成熟的工程设计，一般要预留工程总造价的10%作为暂列金额。

4）一般工程以人工计量为基础，按人工消耗总量的1%取值。

第二节　建设工程定额

一、掌握建设工程定额的分类

1. 按生产要素内容分类

（1）人工定额，也称劳动定额，是指在正常的施工技术和组织条件下，完成单位合格产品所必需的人工消耗量标准。

（2）材料消耗定额，是指在合理和节约使用材料的条件下，生产单位合格产品所必须消耗的一定规格的材料、成品、半成品和水、电等资源的数量标准。

（3）施工机械台班使用定额，是指施工机械在正常施工条件下完成单位合格产品所必需的工作时间。

2. 按编制程序和用途分类

（1）施工定额

施工定额是以同一性质的施工过程，作为研究对象，属于企业定额的性质。施工定额是工程建设定额中分项最细、定额子目最多的一种定额，也是建设工程定额中的基础性定额。施工定额是建筑安装施工企业进行施工组织、成本管理、经济核算和投标报价的重要依据，属于企业定额性质。施工定额直接应用于施工项目的施工管理，用来编制施工作业计划、签发施工任务单、签发限额领料单，以及结算计件工资或计量奖励工资等。施工定额也是编制预算定额的基础。

（2）预算定额

预算定额是以建筑物或构筑物各个分部分项工程为对象编制的定额。预算定额是以施工定额为基础综合扩大编制的，同时也是编制概算定额的基础。预算定额是编制施工图预算的主要依据，是编制单位估价表、确定工程造价、控制建设工程投资的基础和依据。与施工定额不同，预算定额是社会性的，而施工定额则是企业性的。

（3）概算指标

概算指标是概算定额的扩大与合并，它以整个建筑物和构筑物为对象。

（4）投资估算指标

投资估算指标通常是以独立的单项工程或完整的工程项目为计算对象编制确定的生产要素消耗的数量标准或项目费用标准，是根据已建工程或现有工程的价格数据和资料，经分析、归纳和整理编制而成的。

3. 按编制单位和适用范围分类

按编制单位和适用范围分类：全国统一定额、行业定额、地区定额、企业定额。

4.按投资的费用性质分类

按照投资的费用性质，可将建设工程定额分为建筑工程定额、设备安装工程定额、建筑安装工程费用定额、工器具定额以及工程建设其他费用定额等。

二、了解人工定额

1.人工定额的编制

（1）必须消耗的工作时间，包括有效工作时间、休息和不可避免的中断时间。

（2）有效工作时间是从生产效果来看与产品生产直接有关的时间消耗，包括基本工作时间、辅助工作时间、准备与结束工作时间。

（3）不可避免的中断时间是指由于施工工艺特点引起的工作中断所必需的时间。

2.人工定额的形式

时间定额：时间定额与产量定额互为倒数。

3.人工定额的制定方法

常用的方法有四种：

（1）技术测定法。

（2）统计分析法。

（3）比较类推法。

（4）经验估计法。

第三节　施工进度控制

一、掌握建设工程项目总进度目标

（一）建设工程项目总进度目标的内涵

建设工程项目的总进度目标指的是整个项目的进度目标，它是在项目决策阶段项目定义时确定的。项目管理的主要任务是在项目的实施阶段对项目的目标进行控制。建设工程项目总进度目标的控制是业主方项目管理的任务。

（二）建设工程项目总进度目标的论证

1.大型建设工程项目总进度目标论证的核心工作是通过编制总进度纲要论证总进度目标实现的可能性。

2.总进度纲要的主要内容包括以下方面：

（1）项目实施的总体部署。

（2）总进度规划。

（3）各子系统进度规划。

（4）确定里程碑事件的计划进度目标。

（5）总进度目标实现的条件和应采取的措施等。

3.建设工程项目总进度目标论证的工作步骤如下：

（1）调查研究和收集资料。

（2）进行项目结构分析。

（3）进行进度计划系统的结构分析。

（4）确定项目的工作编码。

（5）编制各层的进度计划。

（6）协调各层进度计划的关系和编制总进度计划。

（7）若所编制的总进度计划不符合项目的进度目标，则设法调整。

（8）若经过多次调整，进度目标无法实现，则报告给项目决策者。

（三）建设工程项目进度计划系统

1.由于项目进度控制不同的需要和不同的用途，业主方和项目各参与方可以编制多个不同的建设工程项目进度计划系统，例如：

（1）由多个相互关联的不同计划深度的进度计划组成的计划系统。

（2）由多个相互关联的不同计划功能的进度计划组成的计划系统。

（3）由多个相互关联的不同项目参与方的进度计划组成的计划系统。

（4）由多个相互关联的不同计划周期的进度计划组成的计划系统。

2.由不同深度的计划构成的进度计划系统包括以下内容：

（1）总进度规划。

（2）项目子系统进度规划。

（3）项目子系统中的单项工程进度计划等。

3.由不同功能的计划构成的进度计划系统包括以下内容：

（1）控制性进度规划。

（2）指导性进度规划。

（3）实施性进度计划等。

二、熟悉建设工程项目进度控制的任务

业主方进度控制的任务是控制整个项目实施阶段的进度，包括控制设计准备阶段的工作进度、设计工作进度、施工进度、物资采购工作进度以及项目动用前准备阶段的工作进度。

三、施工方进度计划的类型及其作用

1. 掌握施工方进度计划的类型

（1）施工方所编制的与施工进度有关的计划，包括施工企业的施工生产计划和建设工程项目施工进度计划。

（2）施工企业的施工生产计划，属于企业计划的范畴。

（3）建设工程项目施工进度计划，属于工程项目管理的范畴。

（4）若从计划的功能区分，建设工程项目施工进度计划可分为控制性施工进度计划、指导性施工进度计划和实施性施工进度计划。

（5）大型和特大型建设工程项目需要编制控制性施工进度计划、指导性施工进度计划和实施性施工进度计划，而小型建设工程项目仅编制两个层次的计划即可。

2. 熟悉控制性施工进度计划的作用

（1）一个工程项目的施工总进度规划或施工总进度计划是工程项目的控制性施工进度计划。

（2）控制性施工进度计划编制的主要目的是通过计划的编制，为进度控制提供依据。

（3）控制性施工进度计划是整个项目施工进度控制的纲领性文件，是组织和指挥施工的依据。

3. 熟悉实施性施工进度计划的作用

项目施工的月度施工计划和旬施工作业计划是直接用于组织施工作业的计划，它是实施性施工进度计划。

四、施工进度计划的编制方法

（一）掌握横道图进度计划的编制方法

1. 横道图用于小型项目或大型项目子项目上，或用于计算资源需求量、概要预示进度，也可用于其他计划技术的表示结果。

2. 横道图计划表中的进度线与时间坐标相对立，这种表达方式比较直观，易看懂计划编制的意图。横道图进度计划法也存在一些问题。比如：

（1）工序之间的逻辑关系可以设法表达，但不易表达清楚。

（2）适用于手工编制计划。

（3）没有通过严谨的进度计划时间参数计算，不能确定计划的关键工作、关键路线与时差。

（4）计划调整只能用手工方式进行，其工作量较大。

（5）难以适应较大的进度计划系统。

（二）掌握工程网络计划的类型和应用

工程网络计划按工作持续时间的特点划分为肯定型问题的网络计划、非肯定型问题的网络计划、随机网络计划等。

我国《工程网络计划技术规程》（JGJ/T 121-99）推荐常用的工程网络计划类型如下：双代号网络计划；单代号网络计划；双代号时标网络计划；单代号搭接网络计划。

（三）双代号网络计划

1. 双代号网络计划的基本概念

（1）双代号网络图是以箭线及其两端节点的编号表示工作的网络图。

（2）在双代号网络图中，为了正确地表达图中工作之间的逻辑关系，往往需要应用虚箭线。虚箭线是实际工作中并不存在的一项虚设工作，故其既不占用时间，也不消耗资源，一般起着工作之间的联系、区分和断路三种作用。

（3）网络图中有三个类型的节点：起点节点；终点节点；中间节点。

（4）双代号网络图中，节点应用圆圈表示，并在圆圈内编号。一项工作应当只有唯一的一条箭线和相应的一对节点，且要求箭尾节点的编号小于其箭头节点的编号。

（5）网络图中工作之间相互制约或相互依赖的关系称为逻辑关系，它包括工艺关系和组织关系，在网络图中均应表现为工作之间的先后顺序。

2. 双代号网络计划的绘图规则

（1）双代号网络图必须正确表达一定的逻辑关系。

（2）双代号网络图中，严禁出现循环回路。所谓循环回路是指从网络图中的某一个节点出发，顺着箭线方向又回到了原来出发点的线路。

（3）双代号网络图中，在节点之间严禁出现带双向箭头或无箭头的连线。

（4）双代号网络图中，严禁出现没有箭头节点或没有箭尾节点的箭线。

（5）当双代号网络图的某些节点有多条外向箭线或多条内向箭线时，为使图形简洁，可使用母线法绘制。

（6）绘制网络图时，箭线不宜交叉。当交叉不可避免时，可用过桥法或指向法。

3. 双代号时标网络计划

（1）双代号时标网络计划是以时间坐标为尺度编制的网络计划，时标网络计划中应以实箭线表示工作，以虚箭线表示虚工作，以波形线表示工作的自由时差。

（2）双代号时标网络计划是以水平时间坐标为尺度编制的双代号网络计划，其主要特点如下：

1）时标网络计划兼有网络计划与横道图计划的优点，它能够清楚地表明计划的时间进程，使用方便。

2）时标网络计划能在图上显示出各项工作之间的开始与完成时间、工作的自由时差及关键线路。

3）在时标网络计划中可以统计每一个单位时间对资源的需要量，以便进行资源优化和调整。

（3）双代号时标网络计划的一般规定：

1）时标网络计划中所有符号在时间坐标上的水平投影位置，都必须与其时间参数相对应，节点中心必须对准相应的时标位置。

2）时标网络计划中虚工作必须以垂直方向的虚箭线表示，有自由时差时加波形线表示。

（4）时标网络计划宜按各个工作的最早开始时间编制。

五、掌握关键工作和关键路线的概念

1.关键工作指的是网络计划中总时差最小的工作。当计划工期等于计算工期时，总时差为零的工作就是关键工作。当计算工期不能满足要求工期时，可通过压缩关键工作的持续时间以满足工期要求。

2.在双代号网络计划和单代号网络计划中，关键路线是总的工作持续时间最长的路线。

3.在选择缩短持续时间的关键工作时，宜考虑下述因素：

（1）缩短持续时间对质量和安全影响不大的工作。

（2）缩短有充足备用资源的工作。

（3）缩短持续时间所需增加的费用最少的工作等。

六、施工方进度控制的任务和措施

（一）掌握施工方进度控制的任务

1.施工方进度控制的主要工作环节：

（1）编制施工进度计划及相关的自由需求计划。

（2）组织施工进度计划的实施。

（3）施工进度计划的检查与调整。

2.施工进度计划检查的内容：

（1）检查工程量的完成情况。

（2）检查工作时间的执行情况。

（3）检查资源使用及与进度保证的情况。

（4）前一次进度计划检查提出问题的整改情况。

3.施工进度计划的调整：

（1）工程量的调整。

（2）工作起止时间的调整。

（3）工作关系的调整。

（4）资源提供条件的调整。

（5）必要目标的调整。

（二）掌握施工方进度控制的措施

施工方进度控制的措施主要包括组织措施、管理措施、经济措施和技术措施。

1. 施工方进度控制的管理措施

（1）施工方进度控制在管理观念方面存在的主要问题：

1）缺乏进度计划系统的观念。

2）缺乏动态控制的观念。

3）缺乏进度计划多方案比较和选优的观念。

（2）施工方进度控制的管理措施涉及管理的思想、管理的方法、管理的手段、承发包模式、合同管理和风险管理等。

（3）常见的影响工程进度的风险，如：组织风险；管理风险；合同风险；资源（人力、物力和财力）风险；技术风险等。

2. 施工方进度控制的经济措施

施工进度控制的经济措施涉及工程资金需求计划和加快施工进度的经济激励措施等。

3. 施工方进度控制的技术措施

施工进度控制的技术措施涉及对实现施工进度目标有利的设计技术和施工技术的选用。

第四节　施工质量控制

一、施工质量管理和质量控制的基础知识

（一）掌握施工质量管理和质量控制的概念和特点

1. 施工质量管理和质量控制的基本概念

（1）质量的关注点是一组固有特性，而不是赋予的特性。

（2）质量的要求是动态的、发展的和相对的。

（3）质量特性主要体现在由施工形式的建筑工程的适用性、安全性、耐久性、可靠性、经济性及与环境的协调性等六个方面。

（4）质量管理的定义：在质量方面指挥和控制组织的协调的活动。

（5）与质量有关的活动，通常包括质量方针和质量目标的建立、质量策划、质量控制、质量保证和质量改进等。

2. 施工质量控制的特点

（1）工程项目的工程特点和施工生产的特点：

1）施工的一次性。

2）工程的固定性和施工生产的流动性。

3）产品的单件性。

4）工程体型庞大。

5）生产的预约性。

（2）施工质量控制的特点：

1）控制因素多。

2）控制难度大。

3）过程控制要求高。

4）终检局限大。

（二）掌握施工质量的影响因素

1.施工质量的影响因素主要有"人、材料、机械、方法及环境"等五大方面。

2.施工方法包括施工技术方案、施工工艺、工法和施工技术措施等。

3.环境的因素主要包括现场自然环境因素、施工质量管理环境因素和施工作业环境因素。

二、施工质量管理体系的建立和运行

（一）掌握施工质量保证体系的建立和运行

1.质量保证体系的概念

质量保证体系是企业内部的一种管理手段，在合同环境中，质量保证体系是施工单位取得建设单位信任的手段。

2.施工质量保证体系的内容

（1）项目施工质量目标。

（2）项目施工质量计划。

（3）思想保证体系。

（4）组织保证体系。

（5）工作保证体系。主要明确工作任务和建立工作制度，要落实在以下三个阶段：

1）施工准备阶段的质量控制。

2）施工阶段的质量控制。

3）竣工验收阶段的质量控制。

3.施工质量保证体系的运行

施工质量保证体系的运行：计划（plan），实施（do），检查（check），处理（action）。

（二）了解施工企业质量管理体系的建立和运行

1.质量管理原则

我国的质量管理体系标准中，质量管理原则包括八个方面：

原则一：以顾客为关注焦点，组织依存于顾客。因此，组织应当理解顾客当前和未来的需求，满足顾客要求并争取超越顾客期望。

原则二：领导作用。领导者建立组织统一的宗旨及方向，他们应当创造并保持使员工能充分参与实现组织目标的内部环境。

原则三：全员参与的原则。各级人员是组织之本，只有他们的充分参与，才能使他们的才干为组织带来收益。

原则四：过程方法。将活动和相关资源作为过程进行管理，可以更高效地得到期望的结果。

原则五：管理的系统方法。将相互关联的过程作为系统加以识别、理解和管理，有助于组织提高实现目标的有效性和效率。

原则六：持续改进。整体业绩是组织的一个永恒的目标。

原则七：基于事实的决策方法。有效的决策应建立在数据和信息分析的基础上。

原则八：与供方互利的关系。组织与供方建立相互依存、互利的关系可增强双方创造价值的能力。

2. 施工企业质量管理体系文件的构成

（1）质量管理体系标准明确要求，企业应有完整的和科学的质量体系文件，这是企业开展质量管理和质量保证的基础，也是企业为达到所要求的产品质量，实施质量体系审核、质量体系认证、进行质量改进的重要依据。

（2）质量管理体系的文件主要由质量手册、程序文件、质量计划和质量记录等构成。

（3）施工企业质量管理体系的建立与运行。

质量管理体系的建立和运行一般可分为三个阶段，即质量管理体系的建立、质量管理体系文件的编制和质量管理体系的实施运行。

（4）质量管理体系的认证与监督

1）质量管理体系认证的程序，是由具有公正效力的第三方认证机构进行认证。

2）企业获准认证的有效期为三年。企业获准认证后，应经常性地进行内部审核，保持质量管理体系的有效性，并每年一次接受认证机构对企业质量管理体系实施的监督管理。获准认证后监督管理工作的主要内容有企业通报、监督检查、认证注销、认证暂停、认证撤销、复评及重新换证等。

三、施工质量控制的内容和方法

（一）掌握施工质量控制的基本内容和方法

1. 施工质量控制的基本环节

施工质量控制应贯彻全面全过程质量管理的思想，运用动态控制原理，进行质量的事前控制、事中控制和事后控制。

2. 施工质量控制的依据

（1）共同性依据，指适用于施工阶段且与质量管理有关的通用的、具有普遍指导意义和必须遵守的基本条件。主要包括：工程建设合同；设计文件、设计交底及图纸会审记录、设计修改和技术变更等；国家和政府有关部门颁布的与质量管理有关的法律和法规性文件，如《建筑法》《招标投标法》和《质量管理条例》等。

（2）专门技术法规性依据，指针对不同的行业、不同质量控制对象制定的专门技术法规文件，包括规范、规程、标准、规定等。

3.施工质量控制的基本内容和方法

（1）现场质量检查的内容：

1）开工前的检查。

2）工序交接检查。

3）隐蔽工程的检查。

4）停工后复工的检查。

5）分部分项工程完工后的检查。

6）成品保护的检查。

（2）现场质量检查的方法：

1）目测法，其手段可概括为"看、摸、敲、照"四字。

2）实测法，其手段可概括为"靠、量、吊、套"四个字。

3）试验法，主要包括理化试验、无损试验。

（二）掌握施工准备的质量控制

1.施工质量控制的准备工作

（1）按工程项目划分，就是要把整个工程逐级划分为以下几种：

1）单位工程。

2）分部工程。

3）分项工程和检验批。

（2）单位工程的划分应按下列原则确定：

1）具备独立施工条件并能形成独立使用功能的建筑物或构筑物为一个单位工程。

2）建筑规模较大的单位工程，可将其能形成独立使用功能的部分划为若干个子单位工程。

（3）分部工程的划分应按下列原则确定：

1）分部工程的划分应按专业性质，建筑部位确定。

2）当分部工程较大或较复杂时，可按材料种类、施工特点、施工程序、专业系统及类别等划分为若干子分部工程。

（4）分项工程应按主要工种、材料、施工工艺、设备类别等进行划分。

（5）分项工程可由一个或若干个检验批组成，检验批可根据施工及质量控制和专业验收需要按楼层、施工段、变形缝等进行划分。

（6）室外工程可根据专业类别和工程规模划分单位工程。一般室外单位工程可划分为室外建筑环境工程和室外安装工程。

2.现场施工准备的质量控制

现场施工准备的质量控制：工程定位和标高基准的控制；施工平面布置的控制。

3.材料的质量控制

施工单位应从以下几个方面把好原材料的质量控制关：

（1）采购订货关

1）材料供货商对下列材料必须提供《生产许可证》：钢筋混凝土用热轧带肋钢筋、冷轧带肋钢筋、预应力混凝土用钢材、建筑防水卷材、水泥、建筑外窗、建筑幕墙、建筑钢管脚手架扣件、人造板、铜及铜合金管材、混凝土输水管、电力电缆等材料产品。

2）材料供货商对下列材料必须提供《建材备案证明》：水泥、商品混凝土、商品砂浆、混凝土掺合料、混凝土外加剂、烧结砖、砌块、建筑用砂、建筑用石、排水管、给水管、电工套管、防水涂料、建筑门窗、建筑涂料、饰面石材、木质板材、沥青混凝土、三渣混合料等材料产品。

3）材料供货商要对外墙外保温、外墙内保温材料实施建筑节能材料备案登记。

4）材料供货商要对下列产品实施强制性产品认证（简称3C认证）：建筑安全玻璃（包括钢化玻璃、夹层玻璃、安全中空玻璃）、瓷质砖、混凝土防冻剂、溶剂型木器涂料、电线电缆、断路器、漏电保护器、低压成套开关设备等产品。

5）除上述材料或产品外，材料供货商对其他材料或产品必须提供出厂合格证或质量证明书。

（2）进场检验关

1）做好进货接收时的联检工作。在材料、半成品及加工订货进场时，项目材料室负责组织质检员、材料员参加的联合检查验收。检查内容包括产品的规格、型号、数量、外观质量、产品出厂合格证、准用证以及其他应随产品交付的技术资料是否符合要求。材料室负责填写《材料进场检验》表格，相关人员签字。

2）做好材料进场复试工作。对于钢材、水泥、砂石料、砼、防水材料等需复试的产品，由项目试验员严格按规定进行，对原材料进行取样，送实验室试验。同时，做好监理参加的见证取样工作，材料复试合格后方可使用。专业工程师对材料的抽样复试工作进行检查监督。

3）对于设备的进场验证，由项目各专业技术负责人主持。专业工程师进行设备的检查和调试，并填写相关记录。

4）在材料、设备的检验工作完成后，相关的内业工作（产品合格证、试验报告、准用证等按要求归档的材质证明文件的收集、整理、归档）应及时做到位。

5）在检验过程中发现的不合格材料，双倍复检后不合格的应做退货处理，并进行记录，按"外部进入不合格品"进行处置，报项目技术负责人审批。如可进行降级使用或改作其他用途，由项目技术负责人签署处理意见。

6）材料、设备进场检验时严格按有关验收规范执行，检验合格后方可使用，出现问题扣发当事人当月奖金，并追究其责任。

7）材料、设备进场检验要做到 100%，发现一次未经检验进场或未留下检验记录，分别给予当事人 50~100 元罚款。

8）材料室做好材料的品种、数量清点工作，进货检验后要全部入库，及时点验，库管员要做好发放记录。

4. 施工机械设备的质量控制

施工机械设备的质量控制主要从机械设备的选型、主要性能参数指标的确定和操作使用要求等方面进行。

（三）掌握施工过程的质量控制

1. 技术交底

做好技术交底是保证施工质量的重要措施之一。项目开工前应由项目技术负责人向承担施工的负责人或分包人进行书面技术交底。

2. 计量控制

（1）计量控制是保证工程项目质量的重要手段和方法，是施工项目开展质量管理的一项重要基础工作。

（2）计量控制主要任务是统一计量单位制度，组织量值传递，保证量值统一。

3. 工序施工质量控制

（1）对施工过程的质量控制，必须以工序质量控制为基础和核心。因此，工序的质量控制是施工阶段质量控制的重点。

（2）工序施工质量控制主要包括以下内容：

1）工序施工条件质量控制，就是控制工序活动的各种投入要素和环境条件质量。

2）工序施工效果质量控制，主要反映工序产品的质量特征和特性指标。

4. 特殊过程的质量控制

（1）特殊过程的质量控制是施工阶段质量控制的重点。

（2）质量控制点的选择应以那些保证质量的难度大、对质量影响大或是发生质量问题时危害大的对象进行设置。

5. 成品保护的控制

成品保护的措施一般有防护、包裹、封闭等几种方法。

（四）掌握工程施工质量验收的规定与方法

工程施工质量验收是施工质量控制的重要环节，也是保证工程施工质量的重要手段，它包括施工过程的工程质量验收和施工项目竣工质量验收两个方面。

1. 施工过程的工程质量验收

（1）检验批质量验收合格应符合下列规定：

1）主控项目和一般项目的质量经抽样检验合格。

2）具有完整的施工操作依据、质量检查记录。

（2）分项工程质量验收合格应符合下列规定：

1）分项工程所含的检验批均应符合合格质量的规定。

2）分项工程所含的检验批的质量验收记录应完整。

（3）分项工程的验收在检验批的基础上进行。

（4）分部工程所含分项工程的质量均应验收合格。

（5）涉及安全和使用功能的地基基础、主体结构及有关安全及重要使用功能的安装分部工程应进行有关见证取样、送样试验或抽样检测。

（6）单位工程所含分部工程的质量均应验收合格。

（7）当建筑工程质量不符合要求时，应按下列规定进行处理：

1）经返工重做或更换器具，设备的检验批，应重新进行验收。

2）经有资质的检测单位检测鉴定能够达到设计要求的检验批，应予以验收。

3）经有资质的检测单位检测鉴定达不到设计要求，但经原设计单位核算认可能够满足结构安全和使用功能的检验批，可予以验收。

4）经返修或加固处理的分项、分部工程，虽然改变外形尺寸但仍然满足安全使用要求，可按技术处理方案和协商文件进行验收。

（8）通过返修或加固处理仍不能满足安全使用要求的分部工程、单位工程，严禁验收。

2. 施工项目竣工质量验收

（1）施工项目竣工质量验收是施工质量控制的最后一个环节，是对施工过程质量控制成果的全面检验。

（2）施工项目竣工质量验收的要求：

1）建筑工程施工质量应符合《建筑工程施工质量验收统一标准》和相关专业验收规范的规定。

2）建筑工程施工应符合工程勘察，设计文件的要求。

3）参加工程施工质量验收的各方人员应具备规定的资格。

4）工程质量的验收均应在施工单位自行检查评定的基础上进行。

5）隐蔽工程在隐蔽前由施工单位通知有关单位进行验收，并应形成验收文件。

6）涉及结构安全的试块、试件以及有关材料，应按规定进行见证取样检测。

7）检验批的质量应按主控项目和一般项目验收。

8）对涉及结构安全和使用功能的重要分部工程应进行抽样检测。

9）承担见证取样检测有关结构安全检测的单位应具有相应资质。

10）工程的观感质量应由验收人员通过现场检查，并应共同确认。

（3）工程项目竣工验收工作，通常可分为三个阶段，即准备阶段、初步阶段和正式验收。

四、施工质量事故处理

（一）掌握工程质量事故分类

1. 工程质量事故的概念

（1）质量不合格，根据我国质量管理体系标准的规定，凡工程产品没有满足某个规定的要求，就称为质量不合格；而没有满足某个预期使用要求或合理的期望（包括安全性方面）要求，称为质量缺陷。

（2）质量问题，凡是工程质量不合格，必须进行返修、加固或报废处理，由此造成直接经济损失低于 5000 元的称为质量问题；

（3）质量事故，凡是工程质量不合格，必须进行返修、加固或报废处理，由此造成直接经济损失在 5000 元（含 5000 元）以上的称为质量事故。

2.工程质量事故的分类

（1）按事故造成损失严重程度划分：

1）一般质量事故，指经济损失在 5000 元（含 5000 元）以上，不满 5 万元的；或影响使用功能或工程结构安全，造成永久质量缺陷的。

2）严重质量事故，指直接经济损失在 5 万元（含 5 万元）以上，不满 10 万元的；或严重影响使用功能或工程结构安全，存在重大质量隐患的；或事故性质恶劣或造成 2 人以下重伤的。

3）特别重大事故，凡具备发布的《特别重大事故调查程序暂行规定》所列发生一次死亡 30 人及其以上，或直接经济损失达 500 万元及其以上，或其他性质特别严重的情况之一均属特别重大事故。

（2）按事故责任分类：

1）指导责任事故，指由于工程实施指导或领导失误造成的质量事故。

2）操作责任事故，指在施工过程中，由于施工操作者不按规程和标准实施操作造成的质量事故

（3）按质量事故产生的原因分类：

1）技术原因引发的质量事故，如结构设计计算错误、地质情况估计错误、采用了不适宜的施工方法或施工工艺等。

2）质量控制不严格，质量管理措施落实不力，检测仪器设备管理不善而失准，材料检验不严等原因引起的质量事故。

3）社会、经济原因引发的质量事故，如某些施工企业盲目追求利润而不顾工程质量；在投标报价中随意压低标价，中标后则依靠违法手段或修改方案追加工程款，或偷工减料等。

（二）掌握施工质量事故处理方法

1.施工质量事故处理的依据

（1）质量事故的实况资料。

（2）有关合同及合同文件。

（3）有关的技术文件和档案。

（4）相关的建设法规。

2.施工质量事故的处理程序

（1）事故调查。

（2）事故的原因分析。

（3）制定事故处理的方案。

（4）施工处理。

（5）施工处理的鉴定验收。

3.施工质量事故处理的基本要求

（1）质量事故的处理应达到安全可靠、不留隐患、满足生产和使用要求、施工方便、经济合理的目的。

（2）重视消除造成事故的原因，注意综合治理。

（3）正确确定处理的范围和正确选择处理的时间和方法。

（4）加强事故处理的检查验收工作，认真复查事故处理的实际情况。

（5）确保事故处理期间的安全。

4.施工质量事故处理的基本方法

（1）修补处理。

（2）加固处理，主要是针对危及承载力的质量缺陷的处理。

（3）返工处理，当工程质量缺陷经过修补处理后仍不能满足规定的质量标准要求，或不具备补救可能性，则必须采取返工处理。

（4）限期使用，当工程质量缺陷按修补方法处理后无法保证达到规定的使用要求和安全要求，而又无法返工处理的情况下，不得已时可做出诸如结构卸荷或减荷以及限制使用的决定。

（5）不做处理，不影响结构安全、生产工艺和使用要求的。后道工序可以弥补的质量缺陷，法定检测单位鉴定合格的，出现的质量缺陷，经检测鉴定达不到设计要求，但经原设计单位核算，仍能满足结构安全和使用功能的。

（6）报废处理。

五、施工质量的政府监督

（一）熟悉施工质量政府监督的职能

1.监督管理部门职能的划分

（1）建设行政主管部门对全国的建设工程质量实施统一监督管理。

（2）县级以上地方人民政府建设行政主管部门对本行政区域内的建设工程质量实施监督管理。

2.监督管理的基本原则

（1）监督的主要目的是保证建设工程使用安全和环境质量。

（2）监督的基本依据是法律、法规和工程建设强制性标准。

（3）监督的主要方式是政府认可的第三方即质量监督机构的强制性监督。

（4）监督的主要内容是地基基础、主体结构、环境质量和与此相关的工程建设各方主体的质量行为。

（5）监督的主要手段是施工许可制度和竣工验收备案制度。

3. 政府质量监督的职能

政府对建设工程质量监督的职能主要包括以下几个方面：

（1）监督检查施工现场工程建设参与各方主体的质量行为。

（2）监督检查工程实体的施工质量。

（3）监督工程质量验收。

（二）熟悉施工质量政府监督的实施

1. 受理建设单位对工程质量监督的申报

建设单位凭工程质量监督文件，向建设行政主管部门申领施工许可证。

2. 开工前的质量监督

在工程项目开工前，监督机构首先在施工现场召开由参与工程建设各方代表参加的监督会议，公布监督方案，提出监督要求，并进行第一次监督检查工作。

3. 施工过程的质量监督

监督机构按照监督方案对工程项目全过程施工的情况进行不定期的检查，检查的内容主要是参与工程建设各方的质量行为及质量责任的履行情况，工程实体质量和质量控制资料的完成情况，其中对基础和主体结构阶段的施工应每月安排监督检查。

4. 竣工阶段的质量监督

编制单位工程质量监督报告，在竣工验收之日起五天内提交到竣工验收备案部门。

结　语

综上所述，绿色建筑设计在建筑工程中得到了广泛的应用，它使建筑设计更具有科学性、环保性，这是建筑设计的重要内容。现阶段，绿色建筑设计还有待进一步的推动与加强，需要设计人员严格按照建筑设计的规则，设计出更多符合绿色理念、节能要求与环保要求的建筑，实现对于绿色建筑设计的充分应用，从而设计出绿色、环保的建筑，实现可持续发展。

将绿色施工技术进行高效合理的利用，可以使所有人受益，从而造福社会、造福国家、造福人类，该技术符合我国可持续发展的目标。在社会和经济快速发展的大背景下，人们更倾向于对高质量生活的追求，这对于建筑设计有了更高的要求，同时也为绿色建筑的发展提供了更大的发展空间。另外，绿色建筑设计理念的应用也关乎国家资源战略，面临国内资源紧缺的局面，应用绿色建筑设计则是当下建筑发展的必然趋势。因此，建筑企业就要明确当前的发展形势，顺应时代发展的趋势，满足社会大众的实际需求，深化对绿色建筑设计在建筑工程中的应用研究，在建筑工程施工方案设计的过程中，依据建筑实际情况进行节能设计，更好地实现建筑行业的发展。

参考文献

[1] 杨太华.建设项目绿色施工组织设计 [M].南京：东南大学出版社，2021：06.

[2] 章峰，卢浩亮.基于绿色视角的建筑施工与成本管理 [M].北京：北京工业大学出版社，2019：10.

[3] 潘智敏，曹雅娴.建筑工程设计与项目管理 [M].长春：吉林科学技术出版社，2019：05.

[4] 杨文领.建筑工程绿色监理 [M].杭州：浙江大学出版社，2017：10.

[5] 刘将.土木工程施工技术 [M].西安：西安交通大学出版社，2020：01.

[6] 强万明.超低能耗绿色建筑技术 [M].北京：中国建材工业出版社，2020：04.

[7] 胡文斌.教育绿色建筑及工业建筑节能 [M].昆明：云南大学出版社，2019.

[8] 李英军，杨兆鹏，夏道伟.绿色建造施工技术与管理 [M].长春:吉林科学技术出版社，2022：04.

[9] 姜立婷.绿色建筑节能与节能环保发展推广研究 [M].哈尔滨：哈尔滨工业大学出版社，2020：06.

[10] 郭啸晨.绿色建筑装饰材料的选取与应用 [M].武汉：华中科技大学出版社，2020：01.

[11] 冉旭.建筑环境视觉空间设计 [M].长春：吉林人民出版社，2017：08.

[12] 栗丽，催磊磊，王利平.当代智能建筑设计原理与方法研究 [M].长春：吉林科学技术出版社，2019：08.

[13] 海晓凤.绿色建筑工程管理现状及对策分析 [M].长春：东北师范大学出版社，2017：07.

[14] 和金兰.BIM 技术与建筑施工项目管理 [M].延吉：延边大学出版社，2019：07.

[15] 冯立雷.绿色建造新技术实录 [M].北京：机械工业出版社，2021：01.

[16] 王禹，高明.新时期绿色建筑理念与其实践应用研究 [M].北京：中国原子能出版社，2019：03.

[17] 徐至钧.绿色低碳建筑设计与工程实例 [M].北京：中国质检出版社，2013：03.

[18] 吴锦华，张建忠，乐云.医院改扩建项目设计、施工和管理 [M].上海：同济大学出版社，2017：06.

[19] 李飞，杨建明.绿色建筑技术概论 [M].北京：国防工业出版社，2014：04.

[20] 杜晓蒙.建筑垃圾及工业固废再生混凝土 [M].北京：中国建材工业出版社，2020.

[21] 魏文彪. 建筑设计常用规范条文速查手册 [M]. 武汉：华中科技大学出版社，2017：01.

[22] 杨洪兴，姜希猛. 绿色建筑发展与可再生能源应用 [M]. 北京：中国铁道出版社，2016：12.

[23] 史晓燕，王鹏. 建筑节能技术第 2 版 [M]. 北京：北京理工大学出版社，2020：08.

[24] 张晓宁，盛建忠，吴旭，等. 绿色施工综合技术及应用 [M]. 南京：东南大学出版社，2014：12.

[25] 韩轩. 建筑节能设计与材料选用手册 [M]. 天津：天津大学出版社，2012：06.

[26] 张立新. 建筑工程施工组织设计编制与案例精选土木工程施工组织设计 [M]. 北京：中国电力出版社，2007：05.

[27] 孔清华. 建筑桩基的绿色创新技术 [M]. 上海：同济大学出版社，2017：04.

[28] 王东升. 建筑工程新技术概论 [M]. 徐州：中国矿业大学出版社，2019：09.